U0281998

总主编简介

吴德星，男，山东省无棣县人。毕业于山东海洋学院，青岛海洋大学物理海洋学博士，现任中国海洋大学校长、教授。

吴德星教授现为国家重点基础研究发展规划（973计划）项目首席科学家，第十一届全国人大代表；兼任教育部高等学校地球科学教育指导委员会副主任委员，国家自然科学基金委员会地球科学部第三、四届专家咨询委员会委员，中国海洋学会副理事长、中国海洋湖沼学会副理事长等多项社会职务。

吴德星教授长期从事物理海洋学研究，曾获省部级多项奖励。2004年起享受国务院政府特殊津贴，2008年由韩国总统李明博授予"大韩民国宝冠文化勋章"。

Pleasant Tour of Ships

船舶胜览

杨立敏◎主编

文稿编撰/高畅 魏帅

图片统筹/姜大伟

中国海洋大学出版社

·青岛·

畅游海洋科普丛书

总主编　吴德星

顾　问

文圣常　中国科学院院士、著名物理海洋学家

管华诗　中国工程院院士、著名海洋药物学家

冯士筰　中国科学院院士、著名环境海洋学家

王曙光　国家海洋局原局长、中国海洋发展研究中心主任

编委会

主　任　吴德星　中国海洋大学校长

副主任　李华军　中国海洋大学副校长

　　　　杨立敏　中国海洋大学出版社社长

委　员　（以姓氏笔画为序）

丁剑玲　干焱平　王松岐　史宏达　朱　柏　任其海

齐继光　纪丽真　李夕聪　李凤岐　李旭奎　李学伦

李建筑　赵进平　姜国良　徐永成　韩玉堂　魏建功

总策划　李华军

执行策划

杨立敏　李建筑　李夕聪　朱　柏　冯广明

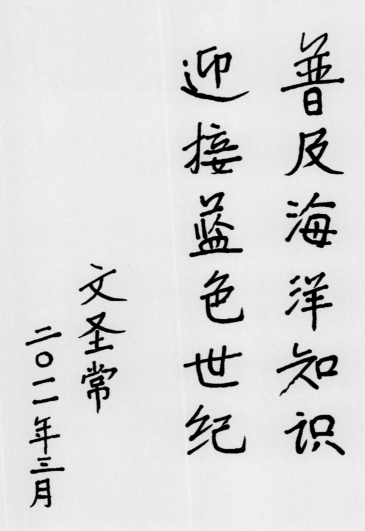

普及海洋知识
迎接蓝色世纪

文圣常
二〇二一年三月

中国科学院资深院士、著名物理海洋学家文圣常先生题词

畅游蔚蓝海洋　　共创美好未来

——出版者的话

海洋，生命的摇篮，人类生存与发展的希望；她，孕育着经济的繁荣，见证着社会的发展，承载着人类的文明。步入21世纪，"开发海洋、利用海洋、保护海洋"成为响遍全球的号角和声势浩大的行动，中国———一个有着悠久海洋开发和利用历史的濒海大国，正在致力于走进世界海洋强国之列。在"十二五"规划开局之年，在唱响蓝色经济的今天，为了引导读者，特别是广大青少年更好地认识和了解海洋、增强利用和保护海洋的意识，鼓励更多的海洋爱好者投身于海洋开发和科教事业，以海洋类图书为出版特色的中国海洋大学出版社，依托中国海洋大学的学科和人才优势，倾力打造并推出这套"畅游海洋科普丛书"。

中国海洋大学是我国"211工程"和"985工程"重点建设高校之一，不仅肩负着为祖国培养海洋科教人才的使命，也担负着海洋科学普及教育的重任。为了打造好"畅游海洋科普丛书"，知名海洋学家、中国海洋大学校长吴德星教授担任丛书总主编；著名海洋学家文圣常院士、管华诗院士、冯士筰院士和著名海洋管理专家王曙光教授欣然担任丛书顾问；丛书各册的主编均为相关学科的专家、学者。他们以强烈的社会责任感、严谨的科学精神、朴实又不失优美的文笔编撰了丛书。

作为海洋知识的科普读物，本套丛书具有如下两个极其鲜明的特点。

丰富宏阔的内容

丛书共10个分册，以海洋学科最新研究成果及翔实的资料为基础，从不同视角、多侧面、多层次、全方位介绍了海洋各领域的基础知识，向读者朋友们呈现了一幅宏阔的海洋画卷。《初识海洋》引你进入海洋，形成关于海洋的初步印象；《海洋生物》《探秘海底》让你尽情领略海洋资源的丰饶；《壮美极地》向你展示极地的雄姿；《海战风云》《航海探险》《船舶胜览》为你历数古今著名海上战事、航海探险人物、船舶与人类发展的关系；《奇异海岛》《魅力港城》向你尽显海岛的奇异与港城的魅力；《海洋科教》则向你呈现人类认识海洋、探索海洋历程中作出重大贡献的人物、机构及世界重大科考成果。

新颖独特的编创

本丛书以简约的文字配以大量精美的图片，图文相辅相成，使读者朋友在阅读文字的同时有一种视觉享受，如身临其境，在"畅游"的愉悦中了解海洋……

海之魅力，在于有容；蓝色经济、蓝色情怀、蓝色的梦！这套丛书承载了海洋学家和海洋工作者们对海洋的认知和诠释、对读者朋友的期望和祝愿。

我们深知，好书是用心做出来的。当我们把这套凝聚着策划者之心、组织者之心、编撰者之心、设计者之心、编辑者之心等多颗虔诚之心的"畅游海洋科普丛书"呈献给读者朋友们的时候，我们有些许忐忑，但更有几许期待。我们希望这套丛书能给那些向往大海、热爱大海的人们以惊喜和收获，希望能对我国的海洋科普事业作出一点贡献。

愿读者朋友们喜爱"畅游海洋科普丛书"，在海洋领域里大有作为！

从史前的原始木筏和小船，到今天的高科技舰船，船舶经历了几千年的漫长演变。人类的祖先"观落叶因以成舟"，逐步学会了制造和驾驶船只；他们"兴鱼盐之利，行舟楫之便"，利用江河湖道从事航行运输。随着科学技术的发展和人类文明的进步，人类无穷的智慧和发明创造的力量在船舶制造和利用上得到了完美体现。现在，无愧于"大力士"称号的巨型货轮，虽重担压肩，却乘风破浪、勇往直前，为世界经济的发展默默地作着奉献；堪称"海上英雄"的各种军舰，赴汤蹈火，冲锋陷阵，威武勇猛，势不可挡，在辽阔的大海上刻画着自己的矫健雄姿；享有"船中贵族"美誉的豪华邮轮，则是海上一道靓丽的风景线，当你伫立于甲板之上，感受着海风，拥抱着蓝天，能不为这大自然的瑰丽和人类的智慧而陶醉吗？

前言 PREFACE

　　船舶之美，激发了无数诗人的灵感，一如"两岸猿声啼不住，轻舟已过万重山"中的轻舟，以及"姑苏城外寒山寺，夜半钟声到客船"中的客船，诗意翩翩，引人遐想。来吧，翻开《船舶胜览》，一起进入充满诗意的船舶世界！

船舶胜览

006

目录 CONTENTS

船
舶
胜
览

008

目录 CONTENTS

船舶史话

A Brief History of Ships

　　世界船舶史源远流长。自古以来，船舶就是人类最重要的水上交通工具。15~19世纪，船舶是驶往大海彼岸的唯一载体。15世纪的海上探险，16~17世纪的地理大发现，18~19世纪的海上争霸和海外移民，都与船舶密切相关。世界船舶史是人类文明史和科技史的一个缩影。

船舶的发展

从史前刳木为舟算起，船舶经历了独木舟和木板船的木质船体时代，直至现在主要以钢材为船体材质的时代。而船舶的推进动力也由人力、畜力和风力驱动，发展到今天的机器驱动。

远在史前时期，由于渔猎的需要，人类制造了众多的原始渡水工具，诸如筏、树皮舟、独木舟等。随着制作工具的进步，利用木榫乃至铁钉连接的木板船问世。人类为了进入江、湖和走向海洋，先后创造了桨船和帆船；由于贸易、海洋探险和海战的需要，又相继发展出了功能各异的商船和战船。

↓独木舟模型

古希腊时代多使用帆船、多桨船，16世纪甲板船登场，大航海时代到来。多桨船直到18世纪末一直在地中海海域使用，在北欧甚至持续到19世纪初；而帆船更是直到19世纪50年代才发展达到巅峰——飞剪式帆船。

↑飞剪式帆船

　　18世纪末，蒸汽机开始在欧洲广泛应用，船体材质也过渡到了铁壳，蒸汽轮船开始崭露头角，它在载重量、航速、航行安全等诸多方面都超过了帆船。最终，在19世纪70年代取代了帆船。从此船舶开始向大型化、现代化发展，到20世纪初，世界进入了现代船舶的新时代。

桨 船

桨船，又称划桨船，是用桨来推进的船舶，它是一种历史悠久、应用广泛的船舶。其中最具代表性的莫过于早期的独木舟以及后来的埃及多桨船、北欧船、中国多桨船等。

独木舟的制作

古时候人类"刳木为舟"制造的即是独木舟。旧石器时代晚期，人们在整条木头的外边涂上湿泥，把木头中间的干燥部分用火烧成炭，然后用石器凿下，依此法将整条木头向内一层层用石器凿下，最后就刳制成一艘独木舟。

↑独木舟

中国多桨船很早就出现了。我们可以从一些出土文物中得知，春秋战国时期单层桨船便已盛行。北欧船历史悠久，其中名气最大的便是维京船。从公元8世纪至公元11世纪，维京人就凭着这种桨帆结合的船只在欧洲北部海上称霸。

↑维京船

↑多桨船

橹

　　西汉时中国人的祖先发明了橹。因为橹一直在水下划水，从而提高了划水的效率，故有"一橹三桨"之说。在以后的年代中国盛行摇橹船，至今在中国的江河湖泊中摇橹船随处可见，而在世界其他地区从未见到这类船。英国著名科技史学家李约瑟便认为摇橹划水的方法很神奇，曾盛赞过中国摇橹船的科学性。

帆　船

　　帆船即利用风力前进的船，是人类与大自然作斗争的伟大见证之一。帆船起源于欧洲，其历史可以追溯到远古时代。

　　西方帆船已经有几千年的历史，从埃及、腓尼基商帆船到罗马商帆船中，以罗马商帆船最有特色，需要时可以将四角横帆卷成三角纵帆，提高了抗风能力。到了中世纪，在拜占庭首先出现了三角纵帆，使帆船的逆风调头能力得到飞跃式发展。14世纪前，西方帆船的吨位一直徘徊在200吨左右，竖1道或2道桅杆。

↑拜占庭三角帆船模型

↑腓尼基商船

　　15世纪，西方帆船开始向远洋发展，海上长距离运输的要求迫使人们改进其帆装。由于远洋海船载重量较大，故一开始竖桅较多，最多时达4根桅杆，另外还加一根首部斜杠帆。经过近300年的发展，西方帆船演变成主桅全部为四角横帆的全帆装统一模式。大型带帆战船也经历着由高上层建筑到低上层建筑的变革历程。

通过数百年的发展，远洋船舶海上航行的经验归结为一条，海上帆船既要利用风力，又要防止因帆船水上面积过大而造成的风力对船体的侵扰。如何协调这一对矛盾，趋利避害，便是帆船设计的艺术，于是空心船首、稳定高速的飞剪式帆船脱颖而出。

↑横帆

飞剪式帆船

长长而尖削的曲线剪刀型首柱在海上能劈浪（剪浪）前进以减小波浪阻力，故而得名。新颖的帆装设计使其能在任何风向下前进，航速达12～14节，为世界帆船设计的顶峰。

↑ "五月花二"号

↑ 印有"五月花"号的邮票

名船链接——"五月花"号

　　"五月花"号是英国移民驶往北美的第一艘船。以运载一批受迫害的清教徒到北美建立第一块殖民地和在该船上制定《五月花号公约》而闻名。随着美国的独立，"五月花"号名闻遐迩。据统计，今天美国很多人都是"五月花"号上乘客的后裔。因此说，这是一艘改变历史的船。

　　1957年，英国在德文郡布里克瑟姆建造了"五月花二"号，送给美国作为纪念移民的礼物。1995年，美国普利茅斯城决定复原"五月花"号，将其作为一艘展览船，成为普利茅斯移民社会发展的标志。

　　"五月花"号和美国感恩节的由来有着密切的关系。1620年，著名的"五月花"号船载着不堪忍受英国国内宗教迫害的清教徒和一些贫苦平民共102人到达美洲。1620年和1621年之交的冬天，他们遇到了难以想象的困难，处在饥寒交迫之中，冬天过去时，活下来的移民只有50多人。这时，心地善良的印第安人给移民送来了生活必需品，还特地派人教他们怎样狩猎，养火鸡，捕鱼和种植玉米、南瓜等。在印第安人的帮助下，移民们终于获得了丰收。在欢庆丰收的日子，按照宗教传统习俗，移民们规定了感谢上帝的节日，并决定为感谢印第安人的真诚帮助，邀请他们一同庆祝节日，这就是感恩节的由来。这一节日一直延续到今天，成为美国最为重要的节日之一，影响已遍及全世界。

轮 船

　　"轮船"一词始于中国唐代，是中国古代用人力驱动运转的明轮机船，也称车船或车轮舸。它的出现与船的动力改革密切相关。南北朝时期，中国人的祖先发明了以船侧轮子的转动代替划桨，以轮击水前进，轮成为以连续运动代替间歇运动的机械。在近代汽船问世前，人类船舶的推进，主要是倚仗风力和人力，前者用帆，后者用桨。轮船是在桨的基础上加以改进和设计的，桨用手力，而轮船使用脚力，的确是古代一项重大的船舶技术发明。

↑车船

明轮机船与螺旋桨船

　　明轮机船。该船靠两舷的形状类似车轮的推进器驱动，因其大部分在水面以上，故称"明轮"。当明轮转动时，明轮上入水的叶片向后推水，船受到水的反作用力而前进。

　　螺旋桨船。螺旋桨推进器的出现取代了桨轮，明轮机船被淘汰了。因为称呼上的通俗和习惯，用螺旋桨推进的船仍称为"轮船"，并沿袭至今。

↑螺旋桨船与明轮机船的"拔河比赛"

↑克莱蒙特号

"拔河比赛"

　　1845年，英国制成了世界上第一艘由螺旋桨驱动的铁壳船 "大不列颠"号。为了证明螺旋桨的优越性，英国海军组织了一场有趣的比赛：让动力相当的"响尾蛇"号螺旋桨轮船和"爱里克托"号明轮机船进行"拔河"比赛。两艘船的船尾用粗缆绳系起来，让它们各朝相反的方向行驶。"响尾蛇"号的螺旋桨飞快地旋转，"爱里克托"号的明轮猛烈地向后拨水。两船先是互不相让，但过了一会儿，"响尾蛇"号就把"爱里克托"号拖走了。这场比赛证明了螺旋桨的优越性。从此，螺旋桨轮船就取代了明轮机船。

　　18世纪英国工业革命后，采用蒸汽动力驱动各类机器开始盛行。美国发明家富尔顿于1807年建造的"克莱蒙特"号，采用瓦特蒸汽机推动明轮使船前进，成为第一艘实际投入使用的蒸汽机轮船。

中国四大古船

在中国海船辞典里，有四大名船的称谓，即沙船、福船、广船、鸟船。特别是前三类海船最负盛名。

↑ 福船模型

沙船，适合长江口以北，特别是江苏省沿海和渤海浅水海域使用。因走北方海区浅水航线，善于行沙涉浅而得名，它是中国平底海船的典型，也属中国最古老的海船船型。

福船与广船都是南方海区深水航线的著名尖底船，它们都是在平底船的基础上经过船体

结构改建而成的，与西方带龙骨
的两端上翘的船型完全不同，因
而只需要给沙船贴造重底就可改
造而成。

　　鸟船，因其船首形似鸟嘴而
得名。鸟船又属福船型的小型快
速海船，盛行于浙闽地区，常作
为战船使用，无风时用桨，有风
时用帆，适于作沿海航行，不宜
作远洋航行。

↓广船模型

军用舰船

War Ships

　　对制海权的争夺是现代军事斗争的一个焦点，而制海权的争夺离不开强大的海军和先进的军用舰船装备。从古代的桨帆战船和风帆战船，到现代结构复杂、功能完备的各类战舰；从撞击战和接舷战，到炮战、导弹战和信息战，军舰留下了一条不同寻常的辉煌轨迹，并必将继续为各国军队的宠儿。

战斗舰船

　　战斗舰船是装备有各种专用武器并担负直接作战任务的舰艇的统称，是海军诸多装备中最重要、最基础的部分。平时它们可以在本国海域巡逻、警戒，保卫国家的海防和海洋资源。一旦战争爆发，强大的海上舰队可以歼敌于大洋之中，捍卫国家的领海和领土，保卫国家主权。海军舰队还可以穿洋过海对他国进行友好访问，增进双边友谊，展示军威和国威。

　　战斗舰船一般分为水面战斗舰船和潜艇。水面战斗舰船主要有航空母舰、战列舰、巡洋舰、驱逐舰、护卫舰、各种快艇等。潜艇主要有战略导弹潜艇和攻击潜艇。同种舰船，根据其排水量和主要武器的不同又可划分为不同的级别。

　　舰与艇

　　在水面舰艇中，一般把排水量为500吨以上的称为舰，而把排水量为500吨以下的称为艇。

海上霸王——航空母舰

航空母舰简称航母，是一种以舰载机为主要作战武器的大型水面舰只。这种庞大的"海上战斗堡垒"堪称人类作战史的奇观，使传统的海战从平面走向立体，从而诞生了真正意义上的现代海战。

↑航空母舰编队

现代航母一般不装备进攻性武器，主要依靠搭载的舰载飞机和周围的护卫舰编队来实现各种作战功能，而航母自身只是个作战平台。航空母舰编队集防空、反舰、反潜以及对岸攻击作战能力为一体。一个航母战斗群在平时可进行战略威慑，在战时能够做出快速反应，夺取战区制空权和制海权，还可以对陆攻击，支援登陆作战。而作为航母战斗群核心的航空母舰是足以与核武器比肩的战略性武器，是可以为国家利益作出特殊贡献的"海上霸王"。

航空母舰是所有军舰中体积、吨位最大的一种，尽管其是现代海军中比较年轻的舰种，但是，它已经成为一个国家海军力量的重要象征。

↑ "尼米兹"级航母

"尼米兹"级航母

"尼米兹"级航空母舰是继"企业"级航空母舰之后，美国第二代核动力航空母舰，同时也是目前世界上排水量最大、载机最多、现代化程度最高的航空母舰，是当今世界的海上巨无霸，其巨大威力令任何海上对手望尘莫及。可以说，"尼米兹"级航母是当代航空母舰家族中最具代表性的一员。

"尼米兹"级航母共建造10艘，首制舰"尼米兹"号于1975年服役，曾是美国海军最大的一艘核动力航空母舰，长333米，宽40.8米（水线），吃水11.3米，标准排水量98 500吨，航速30节以

军舰的"级"和"号"

同类军舰依据设计和建造的一系列参数标准，如尺寸、吃水等，以及装备的动力系统和武器系统等划分为不同的级别，这就是军舰的"级"，如"尼米兹"级航空母舰。而每一艘军舰均有单独的命名，这个名字即为"号"，如"林肯"号航空母舰。

上。它就像一座浮动的机场和海上城市，舰上甲板面积相当于3个足球场大，舰身相当于30层楼高，携带的核燃料可用13年。参观过这艘军舰的人，都用"海上巨兽"来形容它。

"尼米兹"号配备有先进的舰载武器、电子设备，并载有几十架各类战机，能够执行远洋作战、夺取制空权和制海权、攻击敌海上或陆上目标、支援登陆作战和反潜等多种任务，不仅攻击力强大，而且防护措施完备，是目前世界上战斗力最强的军舰之一。

"尼米兹"家族包括："尼米兹"号、"艾森豪威尔"号、"卡尔·文森"号、"西奥多·罗斯福"号、"亚伯拉罕·林肯"号、"乔治·华盛顿"号、"约翰·斯坦尼斯"号、"杜鲁门"号、"罗纳德·里根"号、"乔治·布什"号。

"小鹰"号上的升降机正在转移F/A-18战斗机

"小鹰"级航母

"小鹰"级航空母舰是美国建造的最后一级常规动力航空母舰，也是世界上最大一级常规动力航空母舰。它是在"弗莱斯特"级常规动力航空母舰基础上发展而来，但在上层建筑、防空武器、电子设备、舰载机配备等方面都做了较大改进。

"小鹰"级航母连续建造了3艘，长323.6米，宽39.6米（水线），吃水11.4米，标准排水量61 174吨，最大航速30节，续航力为12 000海里（20节航速）；其飞行甲板长318.8米，宽76.8米，从底层到舰桥大约有18层楼高；采用了封闭式加强飞行甲板，舰体从舰底至飞行甲板形成整体的箱形结构。

↑ "肯尼迪" 号

"小鹰" 级航母在直角和斜角甲板上各有2部蒸汽弹射器,在斜角甲板上有4道拦阻索和1道拦阻网;全舰编制5 480人,其中舰员2 930人、空勤人员2 480人、航母战斗群司令部人员70人。

美国海军的最后一艘常规动力航空母舰是 "肯尼迪"号,它其实可以算作 "小鹰" 级的第4艘,但由于变化稍大一些,所以也有资料将其单列为一级——"肯尼迪"级,实际上它与 "小鹰" 级相差无几。

船舶吃水

船舶吃水指船舶浸在水里的深度。该深度根据船舶设计的不同而不同。吃水的大小不仅取决于船舶和船载所有物品如货物、压载物、燃料和备件的重量,还取决于船舶所处水域水的密度。通过读取标在船上的6个水尺标志,可以确定船舶的吃水。船舶的吃水分为设计吃水和结构吃水,结构吃水比设计吃水大。

"库兹涅佐夫"级航母

1983年2月22日，苏联在尼古拉耶夫船厂开工建造其第一艘大型航空母舰，于1991年1月21日正式服役，它就是"库兹涅佐夫"级航空母舰的首制舰——"库兹涅佐夫"号，它是前苏联的第三代航空母舰，也是现在俄罗斯海军唯一一艘在役航空母舰，配属北方舰队。

"库兹涅佐夫"号全长306.3米，宽37米（水线），标准排水量45 900吨，最大航速29节；其飞行甲板长304.4米，宽72米；人员编制为1 960人，其中600余名空勤人员。

该舰与众不同之处在于它是一个奇妙的"混合物"：它既有舰队型航母特有的斜直

↑滑跃式起飞

↑停靠在甲板上的"苏-33"战机

"库兹涅佐夫"号

"库兹涅佐夫"号在建造中先后有过几个名字："苏联"号、"克里姆林宫"号、"勃列日涅夫"号和"第比利斯"号，最后被定名为"库兹涅佐夫"号。

↓"库兹涅佐夫"号

两段甲板，又有轻型航母通用的12°上翘角滑跃式起飞甲板；没有装备弹射器，却可以起降重型固定翼战斗机。其中的奥妙就在于它将英国首创的"滑跃式"起飞方式与本国气动性能优异的"苏"系列战斗机相结合，不过，牺牲了飞机部分作战性能。该舰的服役使世界海军中首次出现了滑跃起飞、拦阻降落这一新颖的航母舰载机起降方式。

"夏尔·戴高乐"级航母

"夏尔·戴高乐"级航母是法国第一级核动力航空母舰，也是世界上第一级在设计时考虑了隐身性能的航空母舰。其以法国著名军事将领和政治家夏尔·戴高乐的名字命名，首制舰"戴高乐"号2000年9月正式服役。

"戴高乐"号长238米，宽31.5米（水线），吃水8.7米，标准排水量36 600吨，最大航速27节；编制人员1 700人，其中空勤人员652人；可搭载飞机28~35架；飞行甲板长261.5米，宽64.4米；在斜角甲板上有3道拦阻索，另有一道在紧急情况下使用的拦阻网。它的机库长138米，宽29米，可同时停放25架"阵风M"战斗机。 该舰装有稳定装置和倾斜补偿装置，可在6级海况下进行起降作业，适合在风浪较大的大西洋海区活动。

"戴高乐"号的作战能力仅次于美国的大型核动力航空母舰，在世界海军中排在第二个档次。

↑ "明斯克"号

名船链接——"明斯克"号

"明斯克"号航空母舰由尼古拉耶夫船厂建造，是前苏联"基辅"级中型航空母舰中的第二艘。1972年12月28日开工，1975年9月30日下水，1978年服役并于1979年被调到太平洋舰队。"明斯克"号的母港设在海参崴，它的到来使苏联结束了在远东没有大型主力舰的历史。

"明斯克"号航母排水量42 000吨，长273米，宽31.0米，吃水8.2米，采用4台汽轮机推进，航速32节，续航力达13 500海里，全舰成员超过2 000人。舰上携带12架雅克38垂直起降战斗机和19架卡27反潜直升机，其特色就在于它的构造一半像航母、一半像巡洋舰。

苏联解体后，"明斯克"号没有了后勤保障基地，因为生产它的乌克兰已经独立，而航空母舰却在俄罗斯手里。1995年，财政紧张的俄罗斯做出惊人之举——将太平洋舰队吨位最大的两艘航空母舰——"明斯克"号与"新罗西斯克"号当废铁卖给韩国大宇重工集团，售价为1 300万美元，而这两艘主力舰的服役期还没到一半。1998年8月"明斯克"号被中国一家公司买进。

1998年9月"明斯克"号来到广东东莞沙田港，1999年8月被拖至广州文冲船厂，进行封闭式大规模修整与改造。整修一新的"明斯克"号于2000年5月9日驶向深圳大鹏湾，成为当时世界上唯一的由4万吨级航空母舰改造而成的大型军事主题公园。

海上炮库——战列舰

战列舰是以大口径舰炮为主要武器并能远洋作战的大型军舰。它具有很强的突击能力，体积非常庞大，并装备有厚厚的装甲防护层。战列舰的前、后甲板上装有大大小小的火炮上百门，因此被称为"海上炮库"。

战列舰是人类创造出的最庞大、最复杂的武器系统之一，在其极盛时期——20世纪初到第二次世界大战，战列舰是唯一具备远程打击手段的战略武器平台。每次航空母舰远洋航行时，它总是相伴左右，为航母保驾护航。当整个舰队一起行动时，它往往又跟在舰队的后面，在需要时以猛烈的火力掩护其他舰艇进攻。

战列舰一直是各主要海权国家的主力舰种之一，因此曾一度被称为主力舰。但近代以来，由于核动力、舰载机、导弹和电子装备的大量使用，战列舰的优势所剩无几，其地位日渐削弱，相继退出现役。

"依阿华"级

战列舰名称的由来

战列舰名称起源于300年前帆船时代的"战列线战斗舰"。海战的胜负告诉人们：只有那些吨位大、防护性好、火炮攻击能力强的战舰才能取得好的作战效果，才有可能保持战斗队列。于是，人们便开始将这些吨位大、防护性好、火炮威力强的战船称为"战列舰"。

"依阿华"级战列舰

"依阿华"级战列舰是第二次世界大战期间美国建造的吨位最大的一级战列舰，也是世界上最后一级退出现役的战列舰。该级舰计划建造6艘，首制舰"依阿华"号1940年开建，最终共建成4艘，分别是"依阿华"号、"新泽西"号、"密苏里"号和"威斯康星"号。

第二次世界大战期间，"依阿华"级战列舰主要参加太平洋海区的作战活动，为航空母舰护航和支援两栖作战，以其高速性以及强大的高射火力为航空母舰特遣舰队提供防空火力，先后参加了进攻马绍尔群岛作战、马里亚那海战、莱特湾海战、硫磺岛战役、冲绳岛战役。

"二战"结束后，除"密苏里"号留作训练舰外，其余3艘舰在船厂封存备用。20世纪80年代初，美国决定对"依阿华"级战列舰进行现代化改装。这次现代化的改装尽管给"依阿华"级战列舰的前途带来了一丝曙光，但复出的战列舰仍未能摆脱衰亡的下场。1990年，第四次服役刚刚8年的"新泽西"号和刚服役6年的"依阿华"号被再次封存。1992年3月31日"密苏里"号也退出了现役，一度逞威于海上的"霸主"终于彻底退出了历史舞台。

↑"依阿华"号上的浴缸

"依阿华"号上的浴缸

"依阿华"号配备了豪华浴缸，是专为罗斯福总统乘舰穿越大西洋前往摩洛哥卡萨布兰卡，会见英国首相丘吉尔和苏联领导人斯大林的旅程中使用的。这也使该舰成为历史上唯一一艘有浴缸的战舰。

名船链接——"密苏里"号

"密苏里"号战列舰为美国海军"依阿华"级战列舰中的第三艘，排水量45 000吨，长270.4米，宽33.0米，吃水8.8米，航速 33节。1944年6月11日下水服役，1945年1月"密苏里"号作为第三舰队旗舰正式加入美国太平洋舰队，1945年2~7月先后参加了硫磺岛战役、冲绳岛战役和对日本本土的攻击作战。"密苏里"号见证了第二次世界大战结束的历史性时刻：1945年9月2日9时2分，停泊在日本东京湾的"密苏里"号成为日本签署无条件投降书的地点。

"密苏里"号战列舰最初装有3座三联装406毫米主炮、149门各种口径的副炮和高炮，

↑ 海湾战争中的"密苏里"号

↑ "密苏里"号上举行日本投降签字仪式

还载有3架水上飞机。全舰通体有装甲防护，一般部位厚150毫米，重要部位厚达400毫米，是"二战"后世界上装甲最厚的水面战舰。

"密苏里"号的最后一次现代化改装完成于1986年，次年5月10日重新加入美国海军现役。1990年8月2日，伊拉克入侵科威特，海湾危机爆发，"密苏里"号和"威斯康星"号战列舰迅速驶向波斯湾。"沙漠风暴"战斗打响后，"密苏里"号和"威斯康星"号战列舰及潜艇最先向伊拉克目标发射了"战斧"巡航导弹。1991年2月4日凌晨，"密苏里"号战列舰在装备高级水雷避碰声纳的美舰"柯茨"号护航下，通过水雷区到达指定攻击阵位，9门406毫米大炮将伊军的指挥中枢、弹药库、火炮阵地、导弹阵地、雷达站等破坏，给多国部队地面进攻以强有力的火力支援。

1992年3月31日，在热烈的礼炮声和号角声中，"密苏里"号缓缓驶回美国洛杉矶港，退出现役。1998年，美国海军签署捐赠协议，将其停靠在珍珠港，向公众开放展出。

日本投降签字仪式为何在"密苏里"号上举行

日本投降签字仪式究竟在哪艘军舰上举行，曾经是个难题。众所周知，美国航空母舰在太平洋战争中可谓居功至伟。然而，按照惯例，投降仪式应当在旗舰上举行。此时，"密苏里"号正是第三舰队旗舰。另一个决定性因素是，当时的美国总统杜鲁门是一位来自密苏里州的平民总统，他当然愿意让代表家乡的军舰获得这个至高无上的荣誉。

名船链接——"大和"号

　　"大和"号战列舰是日本帝国海军 "大和"级战列舰的一号舰，排水量71 111吨，长263米，宽38.9米，吃水10.4米。在当时日本海军中，"大和"号舰龄最短，排水量最大，火力最强，装甲最厚重，被誉为无坚不摧、固若金汤的"海洋钢铁城堡"。因此，迷信大舰巨炮制胜论的日本海军对它的期望值很高，认为凭借"大和"号这样的战列舰，就可驰骋太平洋，与美国舰队抗衡了。

　　然而，在美军航母特混舰队的打击下，"大和"号几乎无所作为。它作为日本联合舰队旗舰参加了中途岛海战，出师受挫；继而投入马里亚纳海战、莱特湾海战，均未取得令人注目的战果。1945年3月26日，美军开始实施冲绳岛登陆战。日本出动包括"大和"号在内的水面舰艇舰队企图支援冲绳日军作战，并下达了"大和"号自杀性出击作战的"天一号"作

↓ "大和"号构造图

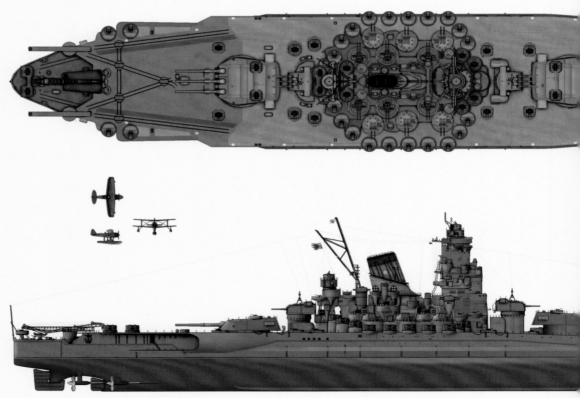

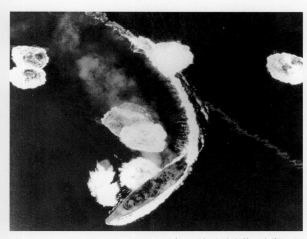

↑1945年战斗中的"大和"号

战命令。4月7日，"大和"号率领的舰队被美军发现并攻击，战斗中，"大和"号被美军航母特混编队击沉，其沉没地点在日本九州岛西南50海里，东经128°04′，北纬30°43′处。"大和"号葬身海底，标志着日本帝国海军从明治建军起的70余年历史宣告结束，日本军国主义的末日也临近了。

名船链接——"胡德"号

第一次世界大战期间，英国皇家海军于1915年获悉德国正在建造"马肯森"级战列巡洋舰，根据第一次世界大战时的"战时应急计划"，英国计划1916年开工建造4艘战列巡洋舰，但最后只有"胡德"号建成；其满载排水量47 430吨，长262.3米，宽31.8米，吃水9.8米，航速31节。

"胡德"号服役后，曾被任命为本土舰队旗舰。1920~1929年，"胡德"号多次作为大英帝国和皇家海军的形象大使巡游世界；特别是1923年11月~1924年9月，"胡德"号率领"反击"号战列巡洋舰以及皇家海军第一轻巡洋舰中队的5艘战舰进行了代号"帝国巡游"的环球航行。期间，编队共航行61 401千米，6次跨经赤道，共访问了26个港口，75万人次的访客登上过它的甲板，舰上共举办了37 700次舞会或宴会。这次航行使得"胡德"号成为最受世人瞩目的战舰之一，被视为英国皇家海军的骄傲。

1941年5月18日，德国战列舰"俾斯麦"号和重巡洋舰"欧根亲王"号驶入大西

战列巡洋舰

  战列巡洋舰是在装甲巡洋舰基础上演变出的一种战舰，主炮口径比装甲巡洋舰大，防护装甲比战列舰薄，可以看做减少装甲换取机动性的战列舰。

洋。英国海军在21日发现这两艘船，英国海军部正确地判断出德舰的意图——突入大西洋进行破交（破坏交通线）作战，并制定了先发制人的作战计划。24日 "胡德"号和"威尔士亲王"号战列舰发现了德舰，在23 000米的距离上，向对方开火。而后，德舰集中火力向"胡德"号开火，"胡德"号被德舰"俾斯麦"号的炮弹命中，引起后部主炮弹药库发生爆炸，舰体断裂迅速沉没。全舰1 415名官兵阵亡，包括舰队指挥官兰斯洛特·霍兰海军中将在内，仅有3人获救。"胡德"号在书写了传奇的一生后，走向了悲惨的结局。

"胡德"号战列巡洋舰

独立自主——巡洋舰

巡洋舰是主要在远洋作战的大型水面战斗舰艇，属于海军的主要舰种。巡洋舰在排水量、火力、装甲防护等方面仅次于战列舰，最大航速30~35节，拥有同时打击多个作战目标的能力。巡洋舰主要用于掩护航空母舰编队和其他舰艇编队，保卫己方或破坏敌方的海上交通线，攻击敌方舰艇、基地、港口和岸上目标，登陆作战中进行火力支援，担负海上编队指挥舰等作战任务。

现代巡洋舰排水量一般为0.8万~2万吨，装备有导弹、火炮、鱼雷等武器，大部分巡洋舰还可携带舰载直升机。其动力装置经常采用蒸汽轮机，少数采用核动力驱动。

"弗吉尼亚"级巡洋舰

"弗吉尼亚"级巡洋舰是美国20世纪70年代研制的核动力导弹巡洋舰。其主要任务是与核动力航母一起组成强大的特混编队，在危机发生时迅速开赴指定海域。主要是为航母编队提供远程防空、反潜和反舰保护，同时也为两栖作战提供支援，在全球范围内执行各种作战任务。

随着"尼米兹"级核动力航空母舰的研制成功和陆续服役，美国海军仅有的3艘核动力巡洋舰已无法满足需要。为此，美国海军提出了发展"加利福尼亚"级和"弗吉尼亚"级核动力导弹巡洋舰的计划。其中，"弗吉尼亚"级共建造了4艘，分别为"弗吉尼亚"号、"德克萨斯"号、"密西西比"号和"阿肯色"号。其首制舰"弗吉尼亚"号于1972年开工建造，1974年下水，1976年9月服役。该级舰长178.3米，宽19.2米，吃水9.6米，最大航速30节，编制舰员558~624人。

"弗吉尼亚"级是美国海军第四级，也是迄今为止最后一级核动力导弹巡洋舰，成为美国海军的"绝唱"。

巡洋舰的由来

"巡洋舰"这个词是在19世纪出现的，最早被称为护卫舰。在帆船时期，巡洋舰指的是轻型快速、可以远航、只有一层火炮甲板的船只，这些船一般用来巡逻、传递信件或者破坏敌人的商船。

"弗吉尼亚"级巡洋舰

"提康德罗加"级巡洋舰

"提康德罗加"级巡洋舰属轻型巡洋舰，是当今美国海军中性能最先进、防空能力最强的巡洋舰，是美国海军非核动力的主力巡洋舰。在美国海军中，"提康德罗加"级巡洋舰是最具效能的武器系统之一，主要任务是为航母战斗群提供全面的防空及反舰导弹支持。此外，"提康德罗加"级巡洋舰还具有强大的反潜能力，并装备了当今世界最先进的"宙斯盾"系统。

"提康德罗加"级巡洋舰长172.8米，宽16.8米，航速30节以上。在1980～1994年期间共建成27艘，首制舰"提康德罗加"号1980年1月动工兴建，1983年1月正式服役。2008年2月20日，美军在太平洋上空246千米处成功拦截了一颗失控的间谍卫星，就是该级舰的"伊利湖"号用1枚"标准-3"导弹完成的。

"宙斯盾"系统

"宙斯盾"是古希腊神话中宙斯用来对付百头怪兽的一面宝镜。美国海军研制的"宙斯盾"作战系统是一个高效、先进、多功能的综合武器系统，它将各种传感器和武器结合起来，反应速度快，具有搜索、跟踪和制导等多种功能，能同时跟踪、处理近百个目标，既能对付水面目标，又能对付空中目标，还能对付水下目标，综合控制着军舰上的海战武器、防空武器和反潜武器。

↑拦截卫星的"标准-3"导弹

↑"基洛夫"级巡洋舰

↓"提康德罗加"级巡洋舰发射导弹

"基洛夫"级巡洋舰

"基洛夫"级巡洋舰是20世纪80年代苏联研发的一级核动力导弹巡洋舰。其设计很有特点：舰型丰满，首部明显外飘，宽敞的尾部呈方形；设有飞行甲板，下方是可容纳3架直升机的机库；舰载装备几乎涵盖了所有海上作战武器系统，集中了当时苏联海军现代化装备的精华，配有对空、反潜和对舰全部作战形式的各种武器和探测装置群，并首次采用了导弹垂直发射装置；具有防空和反潜，与敌方大型水面舰艇交战，甚至打击大型航空母舰的能力。

该级舰共建造了4艘，分别为"基洛夫"号、"伏龙芝"号、"加里宁"号和"安德罗波夫"号。由于苏联解体，俄海军现有的舰艇也相应改名为"乌沙科海军上将"号、"拉扎列夫海军上将"号、"纳希莫夫海军上将"号和"彼得大帝"号。

"基洛夫"号是"基洛夫"级的首制舰，1980年7月开始服役。它是第二次世界大战后建造的最大的巡洋舰。舰长252米，宽28.5米，航速30节，满载排水量约28 000吨，舰员编制900人，是除航空母舰和战列舰之外最大的水面战斗舰艇。

"光荣"级巡洋舰

"光荣"级巡洋舰是苏联海军在20世纪70年代末80年代初发展的一级全新的导弹巡洋舰，被认为是"基洛夫"级的缩小型，是苏联解体前建成的最后一级导弹巡洋舰。

"光荣"级是第二代燃气轮机导弹巡洋舰，从整舰外形看，该级采用"三岛式"设计方法，上层建筑分为首、中、尾不相连接的三段，有利于武器装备、舱室的均衡布置和提高舰艇的稳性，这是"光荣"级区别其他大型舰艇的一个显著标志。该级舰装备的各型导弹数量多、威力大，是一级具有较强反舰、防空能力的导弹巡洋舰。

该级舰共建造了3艘，分别为"光荣"号、"乌斯季诺夫元帅"号和"红色乌克兰"号。首制舰"光荣"号于1976年动工建造，1979年下水，1982年12月开始服役。后改称"莫斯科"号，该舰长187米，宽20米，吃水7.6米，最大航速34节，编制员额515人。如今上述三舰分别配属于俄罗斯海军黑海舰队、北方舰队和太平洋舰队。

↑ "光荣"级巡洋舰

"瓦良格"号

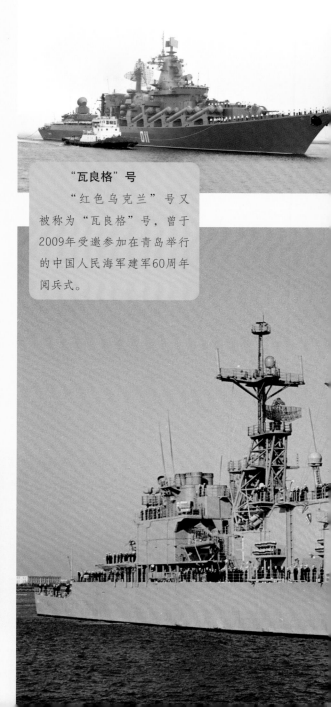

"瓦良格"号

"红色乌克兰"号又被称为"瓦良格"号，曾于2009年受邀参加在青岛举行的中国人民海军建军60周年阅兵式。

海上多面手——驱逐舰

　　驱逐舰是一种多用途的军舰，是装备有对空、对海、对潜等多种武器，具有多种作战能力的中型水面舰艇。它是海军舰队中突击力较强的舰种之一，能执行防空、反潜、反舰、对地攻击、护航、侦察、巡逻、警戒、布雷、火力支援以及攻击岸上目标等作战任务。19世纪90年代至今驱逐舰一直是海军重要的舰种之一，也是现代海军舰艇中用途最广泛、数量最多的舰艇，有"海上多面手"之誉。

　　20世纪60年代以来，随着飞机与潜艇性能的提升以及导弹逐步应用，对空导弹、舰舰导弹和反潜导弹逐步被安装到驱逐舰上，舰载火炮不断减少并且更加轻巧，燃气轮机开始取代蒸汽轮机作为驱逐舰的动力装置，为搭载反潜直升机而设置的机库和飞行甲板也被安装到驱

> **驱逐舰名称的由来**
>
> 　　19世纪70年代出现了一种专门发射鱼雷的，可以摧毁大型军舰的鱼雷艇。针对这种颇具威力的小型舰艇，英国于1893年建成一艘也装备有鱼雷，并装备有火炮以压制鱼雷艇，而速度则和鱼雷艇一样快的舰艇——"哈沃克"号，它能在海上毫无困难地捕捉鱼雷艇，当时被称为"鱼雷艇驱逐舰"。这便是驱逐舰的先祖。

驱逐舰

↑驱逐舰

逐舰上。为控制导弹武器以及无线电对抗的需要，驱逐舰还安装了越来越多的电子设备。

　　现代驱逐舰已经演变成排水量较大而造价颇高的多用途导弹驱逐舰。驱逐舰从过去一个力量单薄的小型舰艇，发展成为一种多用途的中型军舰，除了名称留下一点痕迹之外，和原来短小灵活的舰艇已经没有什么关系了。

↓"济南"号

中国自行研制的第一艘驱逐舰

　　1971年12月中国自行研制的第一艘驱逐舰105舰正式被批准服役，它就是著名的"济南"号导弹驱逐舰。105舰于2007年11月13日在青岛退役，2008年1月31日，105舰被从海军基地拖到青岛海军博物馆，并在博物馆荣誉展出。

"阿利·伯克"级驱逐舰

　　"阿利·伯克"级驱逐舰是美国海军现役的最新一级"宙斯盾"导弹驱逐舰，是美国海军中首级也是世界上第一种装备"宙斯盾"作战系统并全面采用隐形设计，武器装备、电子装备高度智能化的驱逐舰，具有对海、对陆、对空和反潜的全面作战能力。

　　"阿利·伯克"级代表了目前美国海军驱逐舰的最高水平，是当代水面舰艇当之无愧的"代表作"。

　　该级舰是美国海军专门为"宙斯盾"作战系统和导弹垂直发射系统而设计的驱逐舰，作战系统可同时高速搜索、跟踪处理几百个目标，并可同时导引12枚导弹拦截空中

目标。舰首、尾各装备一组Mk41导弹垂直发射系统，备弹90～96枚，并可根据作战任务混合装载"标准"舰空导弹、"战斧"巡航导弹和垂直发射的"阿斯洛克"反潜导弹。首制舰"阿利·伯克"号于1988年12月开建，1991年7月正式服役。

这是一个兴旺的大家族，不仅型号多，而且建造数量大。它们都具有相同的舰体和动力装置，不同之处主要表现在武器装备的改进和更多高新技术的应用。

2010年3月3日，美国海军高级采购军官在国会听证会上表示，新型"阿利·伯克"级驱逐舰必须超越当前舰艇的导弹防御能力，新型雷达和武器技术将在2016年前后应用到新型舰艇上。通用动力公司下属巴斯钢铁公司和诺斯罗普格鲁曼公司将联合建造下一批"阿利·伯克"级驱逐舰。

"阿利·伯克"级驱逐舰

"地平线"级驱逐舰

"地平线"级驱逐舰是法国和意大利共同研制的成果，最初被定位为护卫舰。但护卫舰的排水量一般在2 000~5 000吨之间，而"地平线"级排水量高达6 700吨，所以分类时一般将其归为驱逐舰。法、意版舰长均为151.6米；法国版舰宽20.3米，吃水4.8米；意大利版舰宽17.5米，吃水5.1米；航速均为29节，主要任务是为航空母舰战斗群提供有效的防空火力支援。

虽然"地平线"是法、意两国联合研制的新型战舰，但仍可窥见其明显的法国特色。舰上采用的海军战术情报处理系统、近程防御系统等均为法国自主研制。"地平线"级驱逐舰还充分体现了法国海军的"一舰多用，平战结合"的思想，集多种功能于一身，除为航母提供有效的防空火力支援外，还具有较强的反潜、反舰及对岸作战能力。

↑ "地平线"级法国版驱逐舰

↑ "地平线"级意大利版驱逐舰

排水量吨位

排水量吨位是船舶在水中所排开水的吨数，也是船舶自身重量的吨数。排水量吨位又可分为轻排水量、重排水量和实际排水量三种。

●轻排水量，又称空船排水量，是船舶本身加上船员和必要的给养物品三者重量的总和，是船舶最小限度的排水量。

●重排水量，又称满载排水量，是船舶载客、货后吃水达到最高载重线时的重量，即船舶最大限度的排水量。

●实际排水量，指船舶每个航次载货后实际的排水量。

排水量吨位可以用来计算船舶的载重吨；在造船时，依据排水量吨位可知该船的重量。

"地平线"驱逐舰为欧洲联合研制通用战舰提供了成功的范本。虽然欧洲通用战舰的研制一波三折，但在挫折之中总算看到了一丝曙光。同时，"地平线"计划合作的成功，对于法、意两国解决提高防空战力的燃眉之急，加强在地中海乃至大西洋的海上军事力量都有着相当重要的作用。

"现代"级驱逐舰

　　"现代"级导弹驱逐舰是20世纪80年代初冷战高峰期间，苏联海军为与美国海军抗衡而建造的高性能水面作战舰艇，属于第三代驱逐舰。根据当时苏联海军的分工，它专

↑ "现代"级驱逐舰

↓ "现代"级驱逐舰

职负责反舰攻击，与负责反潜的"无畏"级驱逐舰组成水面舰艇编队，主要任务是为编队护航，对海、对空作战，攻击敌航母及其他大中型水面舰艇，在两栖作战中实施火力支援，保卫海上交通线等。

"现代"级驱逐舰标准排水量6 600吨，长150米，宽17.3米，吃水6.5米，最大航速32节；与以往的驱逐舰相比，该级舰主尺度、排水量、续航力、自持力明显增大，适航性、居住性和生存力也有很大改善，使其远洋作战能力大为提高。特别值得注意的是其装备的"日炙"SS-N-22反舰导弹。"日炙"SS-N-22的设计思想是使敌方没有足够的反应时间进行拦截，提高导弹的突防能力。该导弹到达射程90千米处仅需2分钟，能在"宙斯盾"系统完成探测、跟踪、锁定、判断、发射、导弹制导程序之前到达目标舰的防御区，因此"现代"级驱逐舰常被称为"航母杀手"。

该级舰于1970年开始设计，首制舰"现代"号1976年开工建造，1978年11月下水，1980年12月正式服役。该级舰又分为956Ⅰ型、956ⅠA型、956Ⅱ型，各型主要区别在于对空搜索雷达，其余方面差别不大。迄今，该级舰已有18艘建成服役，成为俄罗斯海军的主力战舰。

20世纪末，中国向俄罗斯订购了4艘该级驱逐舰的改进型号，现已全部交付，即"杭州"号（舷号为136）、"福州"号（舷号为137）、"泰州"号（舷号为138）、"宁波"号（舷号为139）。

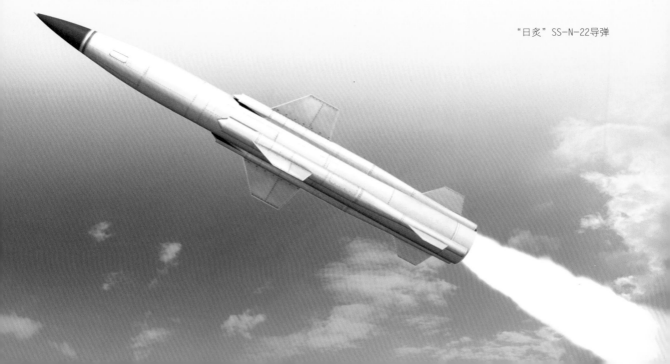

"日炙"SS-N-22导弹

↑SS-N-14导弹

"无畏"级驱逐舰

"无畏"级驱逐舰是前苏联海军驱逐舰，俄罗斯称其为"大型反潜舰"。"无畏"级与"现代"级驱逐舰作为"库兹涅佐夫"级航空母舰的配套舰艇，为其实施护航、警戒。该级舰标准排水量6 700吨，长163.5米，宽19.3米，吃水7.5米，最大航速29节。它结构紧凑，布局简明，武器装备齐全，尤其是其先进的反潜武器对任何潜艇都具有很强的威慑力。

首制舰"无畏"号于1980年服役。该舰的武器装备齐全，其中包括8枚SS-N-14舰对潜导弹、2座RBU-6000十二管反潜火箭发射器、2架卡-27反潜直升机。SS-N-14导弹是主要的反潜武器，可加装核弹头，射程近30海里，飞行速度接近1马赫（即1倍音速），如此高的速度意味着潜艇只要被其发现就难以逃脱。2架卡-27反潜直升机具有较大的活动范围，能有效扩大反潜搜索区域。此外，"无畏"级装备有先进的拖曳式变深声纳，大大增强了搜索潜艇的能力。

大型专用反潜舰是俄海军的一大特色，在其他国家十分少见。这既有战略思想的不同，也有技术层面的原因。前苏联由于电子技术比较落后，武器装备体积较大，在一艘舰艇上很难做到面面俱到，只能分工合作，由"无畏"级和"现代"级分担反潜、反舰重任。

保驾护航——护卫舰

护卫舰和战列舰、巡洋舰、驱逐舰一样，也是一个传统的海军舰种，是世界各国建造数量最多、分布最广、参战机会最多的一种中型水面舰艇。它又被称为护航舰，以舰炮、导弹、水中武器（如鱼雷、水雷、深水炸弹等）为主要武器，主要用于反潜和防空护航，以及侦查、警戒巡逻、布雷、支援登陆和保障陆军濒海侧翼等作战任务，也可参加海战和两栖登陆作战。

第二次世界大战后，护卫舰除为大型舰艇护航外，主要用于近海警戒巡逻或护渔护航，舰上装备也逐渐现代化。在舰级划分上，美国和欧洲各国达成一致，将排水量3 000吨以下的护卫舰和护航驱逐舰统一划为护卫舰。现代护卫舰满载排水量2 000~5 000吨，航速30~35节，续航力4 000~7 800海里。

护卫舰的前生今世

护卫舰是一种古老的舰种，早在16世纪，人们就把一种三桅武装帆船称为护卫舰。初期的护卫舰排水量为240~400吨。第一次工业革命后，西方各国获得了为数众多的殖民地，为保护自身殖民地的安全，西方各国建造了一批排水量较小，适合在殖民地近海活动，用于警戒、巡逻和保护己方商船的中小型舰船，这便是护卫舰的前身。

↑ "海狼"导弹

↑ "公爵"级护卫舰

"公爵"级护卫舰

　　"公爵"级护卫舰是英国在冷战时期建造的第二代护卫舰，是世界上静音效果最好的护卫舰，被认为是目前世界上最先进的护卫舰之一。

　　"公爵"级护卫舰于20世纪90年代初期服役，由于自动化程度很高，所以这种大型护卫舰的舰员编制只有181人（其中13名军官）。"公爵"级设计建造领先的标志之一，是它在世界上最先使用了电力推进和燃气轮机联合推进的动力方式。采用这种总功率为5万千瓦的动力系统，使舰上的噪音大幅度降低，续航力大幅度提高。其标准排水量3 500吨，总长133米，宽16.1米，吃水5.5米，航速28节/15节（柴/电推进），以15节的航速，续航力达7 800海里。

　　"公爵"级护卫舰上的火力配备非常先进。它装备有垂直发射方式的"海狼"舰对空导弹系统2座、垂直发射方式的"捕鲸叉"舰对舰导弹系统2座、三联装自导反潜鱼雷发射装置2座、大型"海王"反潜直升机1架。它还拥

海里与节

　　16世纪，有一个聪明的水手，他在船舶前进的时候，把拖有绳索的浮体抛向水面，根据在一定时间里拉出来的绳索长度，计算出船舶的速度。为了更准确地计算船舶的速度，这个水手便在绳索上打出了许多等距离的结。这样，只要计算出一定时间里放出的绳索节数，就可以知道船舶的航行速度了。从此，"节"便成了国际上通用的航海速度单位。

　　1节＝1海里/小时

　　1海里＝1.825千米

有先进的指挥系统和电子侦察系统，其电子战系统更是居世界一流。

"公爵"级护卫舰是目前英国皇家海军建造数量最多的主力舰艇，构成了英国海军舰艇部队的骨干。

"佩里"级护卫舰

"佩里"级护卫舰是美国海军中一级性能适中的通用型导弹护卫舰，具有多种战术用途，可以承担防空、反潜、护航和打击水面目标等作战任务，其主要使命是为编队提供防空和反潜能力。

美国是世界上能够完全依靠本国力量建造先进的大型护卫舰的国家之一，其建造能力和实际生产数量在世界大型护卫舰建造中占有相当大的比重。"佩里"级是美国目前服役数量最多的护卫舰。每艘"佩里"级的造价近2亿美元，舰长135.6米，宽13.7米，吃水7.5米，由总功率为4万千瓦的两台燃气轮机和两台辅助推进器组成动力装置，满载排水量3 600吨，标准排水量2 800吨，航速30节，按20节计算的续航力为4 500海里。

"佩里"级是世界上建造量最大的一级护卫舰，从1975年到1988年，美国共生产了60艘（其中一部分出口）。它们列编服役后，每艘由200名舰员（其中15名军官，19名空勤人员）操控。

"海狮"级护卫舰

"海狮"级护卫舰是一级与当今世界上所有护卫舰截然不同的舰型，是独一无二的表面效应型护卫舰。船体为双体型，两侧则制成刚性体。航行时，强大空气流在双体之间流动，产生超压将船体托起，从而可大大减少水的阻力，大幅度提高航速，而刚性侧壁始终处于浸水状态，因而具有很好的密封效果，空气损失较少。

"海狮"级护卫舰于1985年建造，1997年正式服役。该舰长64.5米，宽17米，排水量750吨，最高航速可达55节，最大续航力500海里，编制舰员60名。

"海狮"级护卫舰具有纵向稳定性，对侧风不敏感；适合多种推进方式；航速更快，适航性更好；吃水浅，不易受水雷和鱼雷攻击，生存力强；甲板宽阔，搭载武器装备多。该舰既可单独行动，也可与其他舰艇一起对付来犯敌舰的攻击，还可保护近海资源不受侵犯，在救护和缉私中发挥作用。

↑ "海狮"级护卫舰

表面效应船

表面效应船属于全垫气垫船的范畴，这种气垫船的船底两侧有刚性侧壁插入水中，首尾有柔性围裙形成的气封装置，可以减少空气外逸。航行时，利用专门的升力风机向船底充气形成气腔，使船体飘行于水面。

船舶胜览

047

海中狼群——潜艇

潜艇也称潜水艇，是一类能潜入水下活动和作战的舰艇，是海军的主要舰种之一。潜艇主要由艇体、操纵系统、动力装置、武器系统、导航系统、探测系统、通信设备、水面对抗设备、救生设备和居住生活设施等组成。潜艇能利用水层掩护进行隐蔽活动和对敌方实施突然袭击，但其自卫能力差，缺少有效的对空防御武器。

"狼群战术"

第二次世界大战时纳粹德国的海军将领邓尼茨首创了潜艇的"狼群战术"，其实质就是集中弱小舰艇的力量来摧毁重型舰艇。行动中一般要派出数艘潜艇在海上进行游猎，在夜间实施攻击。"二战"以后，军事家们重新研究了"狼群战术"，认为它仍是未来潜艇"以小吃大"的战术之一，但其攻击的隐蔽性需要进一步提高。现代海战理论也仍然把潜艇视为对付航母等庞然大物的"撒手锏"，而现代潜艇作战的很多先进理论都或多或少地受到"狼群战术"思想的影响。

潜艇作为战略性武器的性质改变发生在1959～1960年。苏联"H"级弹道导弹潜艇和美国"乔治·华盛顿"级弹道导弹潜艇先后服役。从那时起，以潜艇为主力的"第二次核反击力量"诞生，冷战双方都建造了一批弹道导弹潜艇，苏、美任意一方弹道导弹潜艇所携带的弹道导弹都足以数次炸平对方的每个角落，弹道导弹潜艇也因此叫做战略潜艇，与普通潜艇区分开来。

"基洛"级潜艇

"基洛"级潜艇是前苏联第一级水滴型常规动力潜艇。其首制艇于1979年在苏联共青城造船厂开工建造，1980年下水，次年正式服役。它采用了当时苏联最先进的技术装备，在柴

↑ "基洛"级潜艇

油发电机组、推进电机、水声设备及武器装备系统等方面都非常优秀。

　　"基洛"级潜艇长73.8米，宽9.9米，吃水6.3米，水面排水量2 350吨，水下排水量3 076吨，水上航速11节，水下18节，下潜深度300米，编制人数52人。其优异的静音效果和强大的攻击能力把西方国家的同类潜艇远远甩在后面，因此西方国家称"基洛"级潜艇是深海大洋中的"黑洞"。鉴于其良好的战技性能，前苏联红宝石潜艇设计局不断对其改进，先后推出了877M，877MK，877EKM及636，636M等多个型号，形成一个庞大的"基洛"级潜艇家族。

↑ "台风"级潜艇

"台风"级潜艇

"台风"级潜艇是前苏联最大的弹道导弹潜艇，也是目前世界上排水量最大的核潜艇。它是典型的冷战时期的产物，目的就是为了达到"确保互相摧毁"原则，由红宝石设计局设计完成。与它的对手美国"俄亥俄"级潜艇相比，其体积近乎是后者的两倍。

第一艘"台风"级潜艇在1977年开始动工，1980年9月下水，1982年开始服役；装备20具导弹发射管用以装载SS-N-20弹道导弹，其射程达到8 300千米，可以打击与它同处一个半球的任何目标；另有6具发射管可发射反舰反潜鱼雷和反潜导弹，总装载量36枚。

"台风"级潜艇水面排水量为18 500吨，水下排水量26 500吨，储备浮力达33%；艇长171.5米，宽24.6米，吃水13米，水下航速25节，水面12节；全艇编制175人，其中军官55名。

"台风"级潜艇建造计划已在1989年全部完成，共六艘。由于俄罗斯海军经费等问题，其中三艘退役，而其余三艘也只有一艘仍处于运行状态，该艇将作为新型海基洲际弹道导弹的测试平台。"台风"级核潜艇剩余的两艘目前保存在俄罗斯北德文斯克的海军基地内。

↓ "三叉戟"导弹

↑ "俄亥俄"级核潜艇

"俄亥俄"级潜艇

"俄亥俄"级核潜艇是美国第四代战略核潜艇，性能非常先进，在携带的导弹数量、战斗威力、命中精度、突防能力和作战范围等方面都居世界首位。"俄亥俄"级是攻击威力最强的一级核潜艇，被誉为"当代潜艇之王"。

"俄亥俄"级潜艇长170.7米，宽12.8米，吃水11.1米，水面排水量16 600吨，水下排水量18 750吨，水下航速24节；全艇编制155人，其中军官14或15人。"俄亥俄"级在海上巡逻70天后返回基地进行必要的补给和检修，25天之后再回到海上。这种安排，使潜艇的出海时间占全服役期的66%，是世界上在航率最高的潜艇。

"俄亥俄"级从首制艇"俄亥俄"号到"内华达"号装载的是24枚"三叉戟I"型潜射弹道导弹，该导弹射程7 400千米；从"田纳西"号开始装载"三叉戟Ⅱ"型导弹，该导弹射程12 000千米。

1991年苏联解体，"俄亥俄"级潜艇失去了竞争对手，其建造工作在计划的18艘完成后，就再也没有进行。

"弗吉尼亚"级潜艇

"弗吉尼亚"级核潜艇是为了适应多维战争形势而设计的，具有隐身性能好、作战能力强和无限续航力的优点，并且拥有强大的水雷侦察能力。它能够完成反潜、反舰、布雷、对陆地目标实施精确攻击、搜集情报以及派遣或撤回特种作战人员等多种任务。

"弗吉尼亚"级潜艇水下排水量7 700吨，长114.9米，宽10.4米，吃水9.3米；艇上装备一座S9G压水反应堆，12具"战斧"巡航导弹垂直发射管，4具533毫米鱼雷发射管，可发射"MK48"型鱼雷、"捕鲸叉"反舰导弹。

与"海狼"级相比，"弗吉尼亚"级的航速慢，携带武器少，但静音性丝毫不差。此外，"弗吉尼亚"级的电磁隐身性、侦察和特种作战能力均有显著提高。由于实现了高度自动化，艇上驾驶系统功能相当于飞机上的自动驾驶仪，"弗吉尼亚"级与"洛杉矶"级相比，所需操控艇员人数大为减少。

由于世界局势与美国海军作战需求的转变以及自身昂贵的造价，美国海军资料称，造价约22亿美元的"弗吉尼亚"级核潜艇是美军专门为应付冷战后威胁而研制的。

↓ "弗吉尼亚"级潜艇

↑快艇

海上轻骑兵——快艇

快艇是海军的一种小型水面战斗舰艇，吨位小，航速高，机动灵活，排水量通常为数十吨至数百吨。它是舰艇中的"短跑冠军"，最大航速可达60节，有"海上轻骑兵"之称。艇上装有武器，有些快艇装备了20~76毫米口径舰炮，吨位较大的快艇还可能装备水雷、深水炸弹等；此外搭配有搜索、探测、武器控制、通信导航、电子作战等感测系统。

快艇按装备的武器分类，有鱼雷艇、导弹艇和导弹鱼雷艇等。快艇虽然小，但它的威力和作用可不小。在近海范围内，鱼雷艇和导弹艇可以单独编队出击，也可以与其他水面舰艇协同出击，消灭来犯的敌方大、中型舰艇，还可以去攻打敌方运输船队，破坏敌人的海上交通运输线。现代快艇广泛应用导弹武器、先进的小型化电子设备、大功率燃气轮机及水翼和气垫技术，正朝着导弹化、大型化、高速化、电子化等方向发展。在未来的海战中，快艇将会发挥更大作用。

鱼雷艇

鱼雷艇是以鱼雷为主要武器的小型高速水面战斗舰艇；主要在近岸海区以编队与其他舰艇协同对敌大、中型水面舰船实施鱼雷攻击；满载排水量40~250吨，航速40~50节。现代鱼雷艇有滑行艇、半滑行艇、水翼艇3种船型。

鱼雷艇虽然体积小，但航速高、机动灵活、隐蔽性好、攻击威力大，除鱼雷攻击外还可用于反潜、布雷等；装备有鱼雷、单管或双管25~57毫米舰炮，有的还装备有火箭、深水炸弹发射装置、拖曳声纳和射击指挥系统。但是，鱼雷艇也有其固有的弱点：适航性差，活动半径小，其自卫能力也比较弱。

鱼雷艇曾经在第一、第二次世界大战中发挥过重要作用，导弹艇的出现，使其优势下降。

导弹艇

导弹艇是一种以舰艇导弹为主要武器，可对敌大、中型水面舰船实施导弹攻击的小型高速水面战斗舰艇，出现于20世纪50年代末，主要用于近岸海区与其他兵力协同，以编队或单艇对敌大、中型水面舰船实施导弹攻击，也可执行巡逻、警戒和反潜任务。

由于导弹艇具有造价低、威力大的特点，一些中、小发展中国家纷纷装备使用，因此，西方国家曾嘲笑它是"穷国的武器"。第三次中东战争后，由于导弹艇在海战中的杰出表现而受到了世界各国的广泛重视。

↑ 隐身导弹艇

↑ "冥河"导弹

蚊子的胜利

　　1967年10月21日，埃及海军用苏制"蚊子"级导弹艇发射的4枚"冥河"导弹击沉了以色列2 500吨级的"埃拉特"号驱逐舰，这也是海战史上导弹艇首次击沉大型军舰的战例，它充分显示了导弹艇小艇打大舰的作战效能。

　　导弹艇的排水量为数十吨至数百吨，航行速度一般为30~40节，有的可达50节，续航能力为500~3 000海里。艇上装有巡航式舰对舰导弹，20~76毫米舰炮，以及各种鱼雷、水雷、深水炸弹和对空导弹等。此外，还有搜索探测、武器控制、通信导航、电子对抗和指挥控制自动化系统。导弹艇吨位小、航速高、机动灵活、攻击威力大，其性能特点与鱼雷艇基本相同，但由于导弹在攻击距离、攻击准确性和突然性等方面要远远好于鱼雷，所以导弹艇的战斗力更为强大。

　　导弹艇的艇型有滑行艇、半滑行艇、排水型艇、气垫船和水翼艇等。

"哈米纳"级导弹艇

　　"哈米纳"级导弹艇是芬兰建成服役的最新型导弹艇，也是当今世界相当独特的一级导弹艇。由于国家实力有限，芬兰海军长期以来一直奉行近海防御的战略思想，导弹艇这类中小型水面舰艇也因此在其海军中占有重要地位。经过近半个世纪以来坚持不懈的发展，芬兰导弹艇设计建造技术已经达到世界先进水平。

"哈米纳"级导弹艇在外观设计上具有很多优点，全舰从船体到上层结构都高度整合，尽量减少侧面锐角，而且十分注意抑制红外信号，具有很好的隐身效果。尤其是它采用新型涂料，将舰身涂饰成与北欧海陆复杂地形相谐的峡湾迷彩，使其具备极佳的隐蔽特性。4艘"哈米纳"级导弹艇的采购是芬兰海军努力增强其本土海上防御能力的重要投资之一。

"哈米纳"级导弹艇最主要的任务是巡逻、空中及水面监视和保护芬兰沿海区域海岸线通讯。它的最大设计速度是32节，巡航力在航速30节时达500海里。

"哈米纳"级导弹艇

↑ "盾牌星座"级导弹艇

"盾牌星座"级导弹艇

现代水面舰艇的隐形性越来越受到重视，隐形性好的水面舰艇不仅能够有效地保护自己，而且可以先敌发起突击。位于北欧的挪威国土面积仅30多万平方千米，海、岛岸线却共有2.1万千米，群岛和峡湾众多，因此需要一种适用于挪威多群岛和峡湾的海岸地形且能利用自身隐形能力实施近海作战的小型舰艇。"盾牌星座"级导弹艇应运而生。

"盾牌星座"级导弹艇长46.9米，宽13.5米，满载排水量仅260吨，最高航速达56节。它采用了极为出色的隐形设计。在正常情况下由燃气轮机驱动，但也可由小型柴油发动机驱动，而后者可以大大减少红外特征。而且在空气垫作用下，升高的艇体将明显减少磁性部件的磁场特征。凡此种种，使该级艇的隐形性能名列世界前茅。

"盾牌星座"级导弹艇尺寸小、速度高、隐形性好、搭载武器多，能执行多种作战任务。

水陆皆栖——登陆舰艇

　　登陆舰艇又称两栖舰艇，是指专门用于运送登陆部队、装备和物资，并将它们送上无港口、码头等岸基设施的海岸，以及在登陆过程中进行指挥和火力支援的海军舰艇。两栖舰艇包括登陆舰、两栖指挥舰、两栖攻击舰等。

　　登陆舰也称坦克登陆舰，排水量为15 000~20 000吨以上，可载坦克几辆至几十辆外加士兵数百名。它的续航能力一般为2 000~18 500海里，航速12~20节。

　　两栖指挥舰出现于20世纪60年代末70年代初，是专门担负两栖战指挥任务、用来供两栖战指挥员和登陆部队指挥员指挥的两栖舰艇，舰上装备有大量电子观察通信设备和战术数据处理系统，以保证战斗指挥、通信联络的畅通。其排水量与两栖攻击舰相近，航速20节左右。

　　两栖攻击舰是20世纪60年代初诞生的，它实际上是一种直升机母舰，直升机可以在甲板上起飞和降落。1959年，美国开始建造世界上第一艘两栖攻击舰"硫磺岛"号；20世纪70年代初，又开始建造通用两栖攻击舰，这是集两栖攻击舰、两栖运输舰性能于一身的新型登陆舰。

"黄蜂"级登陆舰

"黄蜂"级登陆舰是一级多用途两栖舰艇，也是美海军首次利用新型气垫登陆艇和改进的"鹞"式垂直短距起降飞机支援登陆作战的舰艇。它是为取代退役的"硫磺岛"级两栖攻击舰而研发的，是美海军20世纪90年代和21世纪初的一级主要两栖战舰。该级舰的主要任务是支援登陆作战，其次是执行制海任务。

该级舰集直升机攻击舰、两栖攻击舰、船坞登陆舰、两栖运输舰、医院船等多种舰船的功能于一身，是名副其实的两栖作战多面手。该级舰长257.3米，宽42.7米，吃水8.3米，满载排水量40 500吨；飞行甲板长250米，宽32.3米；动力装置为2台蒸汽轮机，功率14万马力；最大航速22节，续航力航速18节时为9 500海里；舰员1 077人。其机库面积1 394平方米，有3层甲板高，可存放28架CH-46E直升机；飞行甲板上还可停放14架 CH-46E或9架 CH-53E直升机。舰尾部机库甲板下面是长为81.4米的坞舱，可运载12艘LCM6机械化登陆艇或3艘 LCAC气垫登陆艇。该级舰还有较齐全的仅次于医院船的医疗设施，舰上有 600张病床及多个手术室、诊室等。

"黄蜂"级登陆舰

↑ "西北风"级两栖攻击舰

"西北风"级两栖攻击舰

"西北风"级两栖攻击舰是法国开发的第四代两栖舰，用于替代20世纪60年代服役的"暴风"级船坞登陆舰，满足法国海军对于兵力投送和指挥的需求。该级首制舰"西北风"号已在2005年底服役。

高新技术提高了"西北风"级两栖攻击舰的自动化程度。它是一种整体性能优良的新型多功能两栖攻击舰，既可执行两栖作战任务，也可担当多国部队联合作战指挥舰任务，还可承担各种支援任务。

"西北风"级两栖攻击舰采用具有隐形性能的集成化设计，全电式推进是其一大特色。它装载能力很强，飞行甲板上可同时起降6架直升机；飞行甲板下是面积达1 800平方米的直升机库，可停放16架NH90或

"虎"式直升机；舰上设有面积1 000平方米的车辆库，可装载60辆装甲车或12辆"勒克莱尔"坦克；舰后部有大型坞舱；舰上还设有69张病床的医院和保障45天生活需要的生活用品舱。

"西北风"级两栖攻击舰

辅助舰船

辅助舰船亦称勤务舰船或军辅船，用于海上战斗保障、技术保障和后勤保障等勤务活动。船体多为排水型，钢材结构，采用柴油机或蒸汽轮机动力装置。其满载排水量小的只有十几吨，大的达数万吨，航速一般在30节以下。

辅助舰船装备有适应其用途的装置和设备，有的装备有自卫武器，按用途分为侦察船、通信船、海道测量船、试验船、训练舰船、补给舰、修理船、医院船、基地勤务船等。

补给舰

补给舰

　　补给舰，顾名思义是一种可在海上航行或停泊中为己方舰艇提供燃料、淡水、食品等消耗品和鱼雷、水雷、炮弹、导弹等武器的后勤保障舰船。它的作用是使海上编队减少对固定基地的依赖，使作战舰艇可通过航行补给延长活动半径，扩大海上编队作战活动范围，提高舰艇的在航率。可以说，补给舰是海军舰艇在远洋活动中的主要后勤保障舰船。

　　补给舰的满载排水量一般为5 000~50 000吨，航速一般为20余节，包括综合补给船、油船、水船、弹药船、军需补给船、潜艇供应船等。舰上设有专门的液货、干货舱和补给装置。现代海上补给装置形式多样，按传递方式可分为纵向、横向和垂直补给三种；按补给物资的种类，可分为液货补给和干货补给两大类，而这两种分类又可交叉组合，构成多种类型。通常舰上装有对空自卫武器，可随海上编队航行实施伴随补给或在指定海区实施区域补给、机动补给。

　　补给舰性能的高低、数量的多寡是衡量一国海军是否具备真正远洋作战能力的重要标志之一，它是海军作战单元中最平凡又最有用的一类舰船。

"萨克拉门托"级补给舰

"萨克拉门托"级综合补给舰是美国海军20世纪60年代建造的一级补给舰，它把油船、军火船和军需船的功能全部集中到一艘舰上，迄今仍是世界最大、航速最快的综合补给舰。其主要使命是伴随航空母舰特混舰队一起活动，为编队舰艇提供燃油、弹药、粮食、备品等各种消耗品的航行补给。

此级综合补给舰共建造了4艘，分别为"萨克拉门托"号、"坎登"号、"西雅图"号和"底特律"号。首制舰"萨克拉门托"号于1961年6月30日铺设龙骨，1963年9月14日下水，1964年3月14日正式服役。在美国海军舰队中，它的排水量仅次于航空母舰。它实质上就是一座大型的"军需仓"。该舰长241.7米，宽32.6米，吃水12米，满载排水量53 600吨，最大航速26节，船员600人。舰上可携带17.7万桶燃油、2 150吨弹药、750吨干冷货物，共设有15个补给站，通常配有3架用于垂直补给的UH-46"海上骑士"直升机。

"萨克拉门托"级补给舰

"别列津河"级补给舰

　　随着海军战略由近海防御转为远洋进攻，20世纪70年代苏联先后建造了"别列津河"级、"奇里金"级和"杜布那"级综合补给舰共11艘。在这几级舰中最引人注目的就是"别列津河"级，它是俄罗斯海军目前最大的一级综合补给舰，主要使命是伴随"基辅"级直升机航空母舰编队进行远洋活动。

　　该级舰长212米，宽26米，吃水12米，满载排水量达4万吨，最大航速22节，可装载燃油（包括航空燃油）1.6万吨、淡水500吨、各种其他军需物资2 000～3 000吨。补给装置设在中部，有3个补给门架，尾部还有较老式的纵向加油装置，可通过软管给舰艇加油。舰尾有直升机平台和机库，可搭载2架卡-25C直升机。该舰武器装备较强，是前苏联第一级装备了SA-N-4舰空导弹系统的后勤支援舰，此外舰上还装备了2座双联装57毫米炮和4座30毫米炮等。

布雷舰

布雷舰是用于基地、港口附近、航道、近岸海区以及江河湖泊布设水雷障碍的军舰。布雷舰艇的基本使命就是在本国沿海海域布设阵地雷阵和防御雷阵，也可兼负各种训练、供应、支援等任务；可在基地、港口、航道和近岸海域及江河湖泊水域进行防御布雷和攻势布雷，包括远程布雷舰、基地布雷舰和布雷艇等类型。

布雷舰装载水雷较多，布雷定位精度较高，但隐蔽性较差，防御能力较弱，适合在己方兵力掩护下进行防御布雷。所以，一些国家新造布雷舰主要用于近海和沿岸布设防御水雷，一般是一舰多用，在设计时就考虑以布雷为主，战时布雷，平时兼作扫雷母舰、训练舰、潜艇母舰、快艇母舰、指挥舰和供应舰等。多用途布雷舰设有直升机平台，用于载运布雷直升机。

医院船

医院船是集海上救治与伤员后送为一体的专业船舶，船上配备有以战伤外科为主的医疗人员、科室及医疗设备、器具、药品、大量床位等相对完善的救护和后送设施，被称为"海上医院"。作为可持续担负海上收容、救治、后送等多种职能的非武装勤务船舶，医院船很大程度上等同于一所海上浮动医院。有关国际法明确规定：医院船的船体涂成白色，两舷和甲板标有红十字、红新月等标志；挂本国国旗，并在桅杆高处挂白底红十字旗；在任何情况下不受攻击和俘获。

大型医院船是现代海军的重要标志之一。在人类的海上军事活动及战争中，海上救护能力的水平和可靠程度对参战国人员的心理、士气乃至战斗力的保持和恢复都具有间接甚至直接的影响。进入高技术战争时代后，以各种导弹、制导炸弹为代表的高精度、大威力作战武器已经被广泛应用于现代海战，这些武器具有超出以往武器数倍的毁伤威力，在很短时间内即可造成大批人员伤亡，救治任务十分繁重。作为体现海上救护保障能力的主要标志之一，海军医院船具有无可替代的作用。

目前，世界上有美国、英国、加拿大、日本、中国等少数国家拥有具有远海医疗救护能力的医院船。其中，美国海军有两艘"仁慈"级医院船，主要在南美和东南亚国家定期进行医疗救援活动，并在发生大规模灾害之际提供紧急救援。英国有一艘"非洲爱心"号私人医院船，主要为世界上欠发达地区或战乱地区提供慈善医疗活动。"和平方舟"号是中国专门为海上医疗救护"量身定做"的专业大型医院船，船上搭载的某些医疗设施装备达到三甲医院的水平。"和平方舟"号2008年底入列东海舰队，2009年，在中国人民海军成立60周年多国海军活动中首次公开亮相。

↑ "和平方舟"号医院船

↑ "舒适"号医院船

"仁慈"号和"舒适"号医院船

　　"仁慈"号和"舒适"号医院船是美国海军专门的海上医疗设施，可提供三级卫勤支援，统一由美国军事海运司令部管辖。它们在战时提供机动医疗保障，尤其适宜战时为两栖特混部队、海军陆战队、快速反应部队以及陆、空军部队提供应急医疗支援和收治各类伤病员；平时又可为意外灾难提供医疗救护，还可在世界范围内实施医疗救援。近些年开始在美洲各国实施医疗救助，被称为提升软实力的行动。

↑ "仁慈"号医院船

　　"舒适"号医院船于1986年服役，母港是美国巴尔的摩港。"仁慈"号医院船于1987年服役，母港是美国圣地亚哥港。两船都有可供大型军用直升飞机起降的甲板，每艘船都有一间急救室和12个功能齐全的手术室，共有病床1 000张，有充足的医院设备，包括X光室、CT室、验光室、实验室、药房、氧气生产车间和血库，并且有洗消设备以应对可能受到的核、生化武器攻击。"仁慈"号和"舒适"号医院船都是由"圣·克莱蒙特"级超级油轮改装而成的。

↑ "仁慈"号医院船

"鄂毕河"级医院船

20世纪70年代末，苏联海军专门设计建造了"鄂毕河"级医院船，其排水量11 300吨，航速18.5节，续航力10 000海里以上；船上设有各种医疗部门，配有医技人员200名，设有病床500张、手术室7个及其他辅助舱室，各种生活服务设施一应俱全，甲板上还设有直升机起降平台。

"鄂毕河"级医院船可载124名水手、83名军医、300名病员或650名乘客，舰尾有机库和直升机甲板，也可作为运兵船使用。该级舰共建造了4艘，全部是由波兰什切青造船厂建造的，分别为"鄂毕河"号、"叶尼塞河"号、"额尔齐斯河"号和"锡维尔河"号。除首制舰"鄂毕河"号报废外，其余均还在役。

↓ "鄂毕河"级医院船

拥有医院船最多的国家

截至目前，俄罗斯是拥有医院船最多的国家，其拥有的"鄂毕河"级医院船分别服役于黑海、北方和太平洋三大舰队。

扫雷舰

扫雷舰是专门用于搜索和排除水雷的舰艇，主要担负开辟航道、登陆作战前扫雷以及巡逻、警戒、护航等任务。

扫雷是最早出现的水雷反制方式，扫雷舰艇作业时不需要探测水域中是否确有水雷或者水雷的精确位置，仅需航行于需要清扫与确保的水域，并在船身后方拖曳各式扫雷用具，将遇到的水雷予以摧毁，缺点是不能确保水雷被消除殆尽。

根据排水量和用途，扫雷舰艇可分为舰队扫雷舰、基地扫雷舰、港湾扫雷艇和扫雷母舰等。

舰队扫雷舰，也称大型扫雷舰，排水量600～1 000吨，航速14～20节，舰上装有各种扫雷具，可扫除锚雷和布设在50～100米水深的沉底水雷。

基地扫雷舰，又称中型扫雷舰，排水量500～600吨，航速10～15节，可扫除锚雷和布设在30～50米水深的沉底水雷。

港湾扫雷艇，又称小型扫雷艇，排水量多在400吨以下，航速10～20节，吃水浅，机动灵活，用于扫除浅水区和狭窄航道内的水雷。

扫雷母舰，排水量数千吨，包括扫雷供应母舰、舰载扫雷艇母舰和舰载扫雷直升机母舰。

无数海洋战争的实践证明了扫雷舰艇所占的重要地位，扫雷舰这种特种舰艇已成为许多国家海军所关心的重点之一。

扫雷舰是反水雷的先锋，所以又称之为"海上工兵"和"海上清道夫"。

"玛瑙"级扫雷舰

"玛瑙"级远洋扫雷舰是俄罗斯海军第五代扫雷舰，舰长61米，宽10.2米，平均吃水3米，排水量822吨，采用两台柴油机推进，总功率5 000马力，航速16节，航程3 000海里，乘员60人，舰体采用低磁钢材料。其首制舰"扎哈林海军中将"号于2006年5月下水，2008年初进入北方舰队科拉区舰队服役。

"玛瑙"级扫雷舰是俄海军进入21世纪后建造的第一级扫雷舰，在扫雷方式上取得了突破，能在航向前方快速探雷排雷，而此前苏联制造的所有扫雷舰都是借助舰尾的扫雷设备进行作业。

↑ "玛瑙"级扫雷舰

"复仇者"级扫雷舰

　　"复仇者"级扫雷舰是美国于1982年初开始建造的新型反水雷舰，共建成14艘。该级舰是远洋深水猎雷、扫雷结合类型的舰，主要用于远离基地支援航空母舰特混舰队或快速部署部队，以及在水雷阻塞区执行猎雷、扫雷任务。它是当今世界上最大的反水雷舰。

　　该级反水雷舰采用玻璃钢覆层木质结构，舰长68.28米，宽11.89米，吃水3.45米，最大排水量1 312吨。动力装置为4台柴油机，最大航速12节。为保障搜索水雷时低工况运行和原地不动，该级舰配备了两台推进电机和首部侧推器，搜索水雷时最大航速为5节。

　　舰上配有2套SLQ-48灭雷具以及SLQ-37（Ⅴ）3磁/声感应式联合扫雷具、奥罗帕萨SLQ-38-Q/1型接触扫雷具、EDOALQ-166磁扫雷具各一套，能够探测、识别、消灭锚雷和沉底雷，并可进行接触和磁声扫雷，工作潜深可达300米以上；主要武器为2座12.7毫米机关枪，并配有1部对海搜索雷达和1部导航雷达。

↓ "复仇者"级扫雷舰

民用船舶

Civil Ships

当今船舶的用途绝不仅限于运输，不论是在科学调查、探测和研究领域，还是在工程建设、环境保护、渔业和石油开发等领域，都有现代化的民用船舶的影子。即使是运输船，也因运输对象的不同和装卸方式的差异，派生出形态功能各异的一系列新船舶，从而构成了专业化的民用船舶大家族。

客 船

客船主要运载旅客及随身行李和邮件，同时也兼运旅客车辆和小批量货物，多以定期方式经营。客船的分类标准繁多，各分类间多有交叉。下面主要介绍客轮、渡轮、滚装船和邮轮。

客 轮

根据《国际海上人命安全公约》，凡载客12人以上的船舶即为客轮，无论是否同时载有货物。

那么，我们该如何辨识客轮呢？可以从客轮的两个主要特征入手：一是客轮具有长而高的建筑特点；二是船体上有一系列的"公牛眼"（圆形的船窗）。此外，客轮甲板上层建筑发达，用于布置旅客舱室；旅客舱室具有良好的采光、照明、空气调节、卫生等设施设备；抗沉、防火、救生等方面的安全要求较严格；减摇、隔音、避震等方面的舒适性要求高；航速较快且动力储备较充分。

客轮通常航线固定、航班定期。随着远程航空运输的发展，海上客轮已转向沿海和近海短程运输，并多从事旅游业务；内陆水域的客轮仍是许多国家的一种重要的客运工具。

通常，客轮分为以下五种类型：海洋客轮，包括远洋客轮和沿海客轮；旅游轮，又称游轮，供游览用；汽车客轮和滚装轮；内河客轮；小型高速客轮。

"大东方"号客轮

　　"大东方"号客轮是一艘在世界船舶史上具有里程碑意义的英国客轮，在当时不仅是一座空前的大船，而且在设计上有许多创新，为以后船舶的发展奠定了基础。

　　"大东方"号客轮长211米，宽25米，吃水8.9米，排水量32 160吨，是当时最大商船的5倍。"大东方"号本是为开辟欧洲到澳大利亚的航线而设计的，装修豪华，耗资巨大，可是在横渡大西洋的处女航时竟只有35位乘客，其后每个航次都亏损严重。造成这种尴尬情形的原因主要有两方面：一是当时高效蒸汽机还没有发明，汽船耗煤量太大，费用不经济；二是当时客源不踊跃，它生不逢时。"大东方"号虽然是世界上首屈一指的巨轮，但最后只以2.5万英镑被拍卖，改装成在大西洋铺设海底电缆的布缆船。在1866年铺设完第一条横跨大西洋的海底电缆后不久，该船就开始了近20年的停航，期间曾被移泊至英国利物浦供人参观，到1888年竟被拆做废料处理。"大东方"号客轮在技术和市场条件还不成熟的情况下遇到了种种难以克服的困难，最终沦于失败。

船籍和船旗

　　船籍指船舶的国籍，指商船的所有人向本国或外国有关管理船舶的行政部门办理所有权登记，取得该国签发的证书，使船舶隶属于登记国的一种法律上的身份。

　　船旗是指商船在航行中悬挂其所属国的国旗。船旗是船舶国籍的标志。按国际法规定，商船是船旗国浮动的领土，无论是在公海还是在他国海域航行，均须悬挂船籍国国旗。船舶有义务遵守船籍国法律的规定并享受船籍国法律的保护。

↓ "大东方"号客轮

↑ "毛里塔尼亚" 号客轮

"毛里塔尼亚" 号客轮

　　"毛里塔尼亚" 号客轮是首次使用蒸汽轮机代替往复式蒸汽机的轮船，在船舶史上具有重要意义。"毛里塔尼亚" 号隶属于英国卡纳德轮船公司，于1907年11月16日首航，船长204.8米，宽26.8米，载客2 165人，服务船速26节，总排水量31 938吨。作为开创性尝试，它首次使用了蒸汽轮机，为创下新的速度纪录创造了条件。从1909年到1929年，"毛里塔尼亚" 号一直享有穿越大西洋最快轮船的蓝飘带奖的荣誉。直到1929年，这个纪录才被德国的 "不来梅" 号邮船打破。而且，它不仅是当时大西洋上最快的船，而且是最豪华的船。第一次世界大战爆发后，"毛里塔尼亚" 号被英国政府征用，涂成全灰色涂装，作为运兵船使用。在战争期间，它一共运送了近3万名士兵和伤兵。安然度过了战争生涯后，它在战后继续从事跨大西洋航运业务。1932年，船身被涂成热带风格的全白色。1934年，"毛里塔尼亚" 号光荣退役，闲置在刚刚退役的 "奥林匹克" 号邮船旁边。1935年，它被出售给罗塞斯拆船厂，船上挂起了22英尺长的蓝色飘带，象征它空前的、曾经保持了22年的横渡大西洋速度纪录。

"蓝飘带" 奖

　　"蓝飘带" 奖缘自19世纪50年代卡纳德公司的 "哥伦比亚" 号船长查理斯·朱塞斯的建议，他建议凡横渡大西洋最快的船，获奖后可以在桅杆上悬挂蓝色飘带旗，船员可获得一笔奖金。这一建议很快被船东采纳，并成为行业的行规。"蓝飘带" 奖就是航运公司的品牌，它能给船东带来更多的客源和利润。

名船链接——"泰坦尼克"号

"泰坦尼克"号是20世纪初英国白星航运公司的一艘大型豪华客轮，被称为"梦幻客轮"。

1912年4月10日，泰坦尼克号完工后进行处女航，线路为爱尔兰的昆斯敦到美国纽约。船东希望该船能创造横越大西洋的航速纪录，便令船长选取靠近北方的英国到美国距离最短的航线。船上载有旅客及船员2 223人。船在航行的第4天的半夜前，在纽芬兰外海的大岸滩附近触撞了冰山，船右舷水下9米处的船体被拉开了一个长90米的大孔洞，2个半小时后沉没，船上的1 517名旅客和船员葬身于冰海之中，救生艇数量不足是导致众多人员死亡的原因之一。这是和平时期最严重的航海事故之一，也是迄今为止最著名的一次海难。

电影《泰坦尼克号》就是根据这一真实海难事件而改编的。电影讲述了富家少女罗斯和不羁的少年画家杰克凄美的爱情故事。1912年4月10日，被称为"世界工业史上的奇迹"的"泰坦尼克号"出发驶往纽约。罗丝与母亲及未婚夫卡尔一道上船，镜头切换，杰克靠码头上的一场赌博赢到了船票。罗丝不愿嫁给卡尔，打算投海自尽，被杰克抱住。美丽活泼的罗丝与英俊开朗的杰克很快就坠入了爱河。不幸的是，不久之后，举世闻名的悲剧发生了，泰坦尼克号与冰山相撞。杰克把生存的机会让给了爱人罗丝，自己则永远留在了冰海之中。杰克和罗斯的爱情故事打动了无数人，电影中杰克在船头从后面环抱罗斯的镜头更是成为永恒的经典。

渡　轮

　　渡轮不像客轮那样以运送旅客为主，而是在运送旅客的同时还要运送车辆、货物等渡江、渡河或渡过海峡。根据运送主体，可以将渡轮分为三大类：客渡，汽车渡轮，火车渡轮。

　　在河流或者海湾阻扰人们共同生活或贸易的地方，为了通行，人们修建了桥梁。但由于技术上的限制而无法修建桥梁时，人们便使用渡轮。起初，渡轮只是河流或海峡上的小型木质交通运输工具。随着科技的进步，出现了一种新型渡轮，它将陆上交通工具运送到对岸，汽车通过跳板上下渡船，这就是汽车渡轮。19世纪中叶，当世界各地都在修建铁路时，人们又遇到了难题：怎样将岛屿纳入交通网中？于是，火车渡轮出现了，人们在船的甲板上铺设了轨道并与陆地上的铁轨相吻合，火车车厢便到了船上，利用船实现水上运输。从最初简易的客渡到汽车渡轮再到复杂的火车渡轮，这便是渡轮一步步发展演变的历史。

穿梭于两岸的小型渡轮

"粤海铁1"号渡轮

"粤海铁1"号渡轮在中国的渡轮发展史上具有重要意义，长165.4米，宽22.6米，排水量13 400吨，载重量5 600吨，设计最小航速为15节，跨越琼州海峡约需50分钟。该船有两层载货甲板和四层客舱：主甲板为开敞式火车甲板，可载货物列车40节或旅客列车18节，上甲板可载50辆汽车；四层客舱中，第一、二层是旅客休息室，第三层是船员室，第四层是驾驶室，可运载旅客1 360人。

"粤海铁1"号渡轮由粤海铁路有限责任公司投资，中国船舶工业第708研究所设计，上海江南造船（集团）有限责任公司承建，总造价为2.1亿元。"粤海铁1"号与西环铁路一起，圆了海南人坐火车出岛的百年梦想，同时它还拥有多项中国铁路史上独创的技术，如安装有一整套减摇平衡系统，保证火车上船时不会发生任何角度的倾斜；船体还可像螃蟹一样横行，甚至可以原地打转；安装有自动驾驶系统以及卫星导航系统等先进设备，等等。

船只载重线

船只载重线是指船只满载时的最大吃水线。它是绘制在船舷左、右两侧船只中央的标志，指明船只入水部分的限度。这样做主要是为了保障航行的船只、船上承载的财产和人身的安全，并已得到各国政府的承认。因此，违反者将受到法律的严厉制裁。

← "粤海铁1"号渡轮

"中铁渤海1"号渡轮

  "中铁渤海1"号渡轮是第一艘烟台到大连的火车渡船，它不仅是中国第一次采用综合全电力推进系统的客滚船，也是世界上第一次采用第三代电力推进系统的火车滚装渡船，是中

↑ "中铁渤海1"号运载的火车

国目前最大、技术最先进、安全性最好的客滚船之一。该船服务航速18节，全长182.6米，型宽24.8米，可载运80吨重的货运列车50节、20吨载重汽车50辆、小汽车25辆和旅客480人。

  从烟台到大连，海上距离只有159.8千米，而绕渤海湾的铁路里程却有1 801千米。如果没有海上通道的话，东北与山东、华北及东部沿海地区的大量客货交流只能绕道京山、京浦、胶济等铁路，这既增加了运输费用，又延长了运输时间。因此，急需打通东部陆海铁路大通道。"中铁渤海1"号渡轮投入运营后，极大地缓解了中国南北铁路干线运输紧张局面，对形成环渤海综合运输体系具有重要作用，不仅方便了人们的出行，而且带来了巨大的经济效益。

滚装船

什么是滚装船？我们可以从"滚装"两个字来理解。所谓滚装，就是利用带轮子的装载工具，水平地通过设在船上的通道设备滚进滚出来完成货物的装卸。因而滚装船也称为"滚进滚出船"或"滚上滚下船"。

集装箱运输过程中，装卸作业比较麻烦，需要使用吊货杆以及码头起重设备。所有的货运船舶都存在货物装卸问题，有的是利用港口的装卸设备，有的在船上设有装卸机械，无论是那种装卸方式，传统的方法都是沿垂直方向起吊或放下，这就是传统的"吊装"。能不能将货物装卸方式从吊上吊下改为水平方向的作业呢？滚装船就是基于这样一种想法出现的。滚装船在货物装卸方面有了突破，它利用带轮子的装卸工具，水平地通过设在船上的通道设备滚进滚出来完成货物的装卸，这是滚装船给人印象最为深刻的一面。

滚装船利用车辆活动来装卸集装箱，每小时可达 1 000～2 000 吨，而且实现了从发货单位到收货单位的"门－门"直接运输，减少了运输过程中的货损和差错。最重要的是，船与岸都不需起重设备，即使港口设备条件很差，滚装船也能高效率装卸。此外，滚装船还有周转快和水陆直达联运方便的优点。

↑ 滚装船

"彗星"号滚装船

1957年，美国建成世界上第一艘专门用于滚装运输的船舶——"彗星"号。其最大装载量为10 545吨，装载车辆的甲板面积为5 600平方米，能装载300辆车；主机为8 826千瓦的蒸汽轮机，航速18节。该船的突出特点是既有滚装设备，也保留了传统的吊装设备。"彗星"号航行于澳大利亚的墨尔本——塔斯马尼亚航线和美国的纽约——杰克森威尔航线。

"彗星"号在营运中显示了滚装船的优越性和生命力，装卸货物速度快，装卸各种车辆时每小时可达1 500～2 000吨；装卸各类货物的适应性强，很适于装运大型货件及特殊装备。"彗星"号还曾在越南战争中为美军出过力。

邮 轮

看到邮轮这个名字，我们可能多会想到其是用来传递信件的船舶，确实，早期的邮轮以传递信件为主，不过发展到今天，邮轮的作用已经发生了巨大的变化。现在的邮轮已经变成一种选择阳光充足的线路、向美丽的海港航行、为游客提供享乐旅程的客轮，因而也被称为游轮。

现在的邮轮多是旅游性质的，就像是一座座可移动的大酒店，船上的娱乐设施及奢华服务被视为旅程中不可缺少的重要部分，这既是邮轮的最大特点，又是邮轮最吸引旅客的地方。

我们在生活中经常会见到媒体将豪华游轮称为"邮轮"，那么邮轮这个名字是怎么来的呢?是不是像上文我们按字面意思理解的那样，只是单单以传递信件为主呢?

最初，在交通不十分发达的年代，国家间或洲际传递邮件的任务往往只能委托那些航行在特定航线上的、航速较快的大型客船来完成。于是，这些大型客船在承担着载运乘客任务的同时还承担着邮政重任。因此，人们习惯将这种大型客船叫做"邮轮"。如今，随着航空业的发展，跨国传送邮件的任务由飞机来承担了，现在的邮轮成为大型豪华游轮的一种别称。

↓ 邮轮

邮轮上的游泳池

↑ "玛丽女王二"号邮轮

"玛丽女王二"号邮轮

　　"玛丽女王二"号是"海洋绿洲"号建造前世界上最庞大、最昂贵的邮轮，由英国卡纳德公司投资建造。船长345米，高72米，宽41米，排水76 000吨，造价高达7.8亿美元。船体内分成30层甲板，有1 370套豪华套房，可容纳3 056位旅客，近70％的客房都有单独的海景阳台。船上还有14个风格各异的酒吧，10个就餐区，5个游泳池，8个按摩池。最大的餐厅可供1 250人同时就餐，有欧洲各国和亚洲中、印等国口味的饮食供应。有可容纳千人的多功能厅，亦可兼作影剧院和天文馆。有大舞厅和夜总会，有赌厅、健身房、篮球场、网球场等，还有图书馆以及20余家名牌时尚用品商店。

　　"玛丽女王二"号的辉煌在于它的庄重与典雅。船上的公共活动场合都有一些反映不同文化和历史背景的大型壁画。游客所到之处，10步之内必有艺术作品：浮雕、壁画、油画、水彩画，宛如一座陈列艺术品的殿堂；钢琴与小提琴、爵士乐和流行乐演奏相得益彰；其庄重与典雅让人流连忘返。

"钻石公主"号邮轮

　　"钻石公主"号位列全球十五大最豪华邮轮之一，是驰名世界的美国嘉年华邮轮集团旗下的邮轮品牌"公主"系列船队中体积最庞大、设施最完善的世界顶级豪华邮轮。

　　"钻石公主"号排水量115 875吨，长289.86米，宽37.49米，高达62.5米，可容纳乘客2 670人，共有客舱1 337间，其中748间客舱带有私人露天阳台，游客不出客房即可凭栏观赏海上美景。远远望去，"钻石公主"号邮轮恰似一座足有十多层楼高的小山，乳白色的船身在阳光的直射下显得十分明艳。

↓ "钻石公主"号邮轮

↑ "钻石公主"号邮轮的大厅

"钻石公主"号邮轮堪称一座移动的海上五星级酒店，步入邮轮大厅，吃、喝、玩、乐设施，一应俱全。船上有5个主餐厅，可为游客提供欧美和亚洲风味的菜肴；有4个大小不等的游泳池，有可容纳700多人的公主剧院，还有各式酒吧、夜总会、豪华赌场、免税商店、健身中心及SPA、图书馆；拥有海上最大的网吧，甚至还有浪漫的结婚礼堂，足可见其奢华程度。

"嘉年华精神"号邮轮

"嘉年华精神"号是美国嘉年华邮轮集团旗下"精神"系列的第一艘邮轮，同时也是第一艘航行到阿拉斯加和夏威夷的、具有"快乐之舟"之称的邮轮。

该邮轮总吨位85 900吨，长293.52米，宽32.31米，高62米，可载客2 680人，航速22节；于2001年4月29日首航，5月23日启程前往阿拉斯加，展开为期4个多月的海上

↑ "嘉年华精神"号邮轮的游泳池

航程。"嘉年华精神"号邮轮为阿拉斯加海域最新、造价最高（3.75亿美元）、舱房面积最大的邮轮，被称为"海上度假村"。邮轮80%的客舱都是外舱房，拥有私人阳台。船上除了有两层供游客散步的甲板与全新定位设计的晚餐厅外，还有很多海景船舱。

更快的航行速度、多样的餐饮选择、多彩多姿的船上娱乐活动，使"嘉年华精神"号成为阿拉斯加至夏威夷航线中最完美的船只。

↑ "嘉年华精神"号邮轮

↑ "海洋魅力"号惊险地通过桥洞

"海洋魅力"号与桥洞

世界最大邮轮"海洋魅力"号于2010年10月28日完工，这艘豪华邮轮长361米，宽66米，高72米，排水量达22.5万吨，共有16层甲板和2 704个客舱，可搭载6 360名游客和2 100名船员，由美国皇家加勒比海航运公司订制。

这艘造价15亿美元的豪华邮轮在建造完毕之后，尚未经受大风大浪的考验，就遇到了第一道坎，那就是如何从距离船顶只有4厘米的大桥下顺利通过。海事部门此前预计邮轮顶端和大桥之间有50厘米的通行空间，岂料计划不如变化快，涨潮加上天气变化，通行空间最终只剩4厘米，任何闪失都会酿成悲剧。为了通过大桥，"海洋魅力"号当时降下了大烟囱，在船长的稳健操作下最终挤过了桥洞，这也让岸边观看整个过程的人最终松了一口气。

货　船

以载运货物为主的轮船称为货船，世界上大概95％以上的船队都是货船。由于造船技术的不断进步，货船在性能、设备方面日益改进，并因特殊的货物运输要求而制造出了各种不同的专用船舶。根据所载货物种类和行驶航线的不同，其构造、性能、速率、设备也各有不同，比较典型的有以下几种。

驳船，按用途分为客驳和货驳，其中货驳专门用于载运货物。

油轮，是油船的俗称，是指载运散装石油或成品油的液货运输船舶。

集装箱船，是指以载运集装箱为主的运输船舶。

拖船，设有拖曳设备，专门用于在水上拖曳船舶或其他浮体的船。

冷藏船，使鱼、肉、水果、蔬菜等易腐食品处于冻结状态或某种低温条件下进行载运的专用运输船舶。

名船链接——"御夫座领袖"号

全球首艘以太阳能为动力的大型汽车载运船"御夫座领袖"号货船于2008年12月19日在日本三菱重工神户船厂正式建成，引起了船运及环境保护界的广泛关注。该船长200米，排水量达60 213吨，可以运载6 400辆汽车。

该船装有328片太阳能电池板，其发电量为43.6 千瓦，可以提供该轮 50% 动力能源。"御夫座领袖"号并不是全部依靠太阳能驱动的，严格地说，是太阳能发电助动，因此必须同时配备船舶柴油主机。由于太阳能电池板发电系统可以直接用来驱动船舶航行，因此其柴油主机功率、体型、管路和机舱等可以相应缩小和简便，从而可以腾出更多的舱容载运更多货物。

该船更加突出的特点是废气排放量大幅度降低，海洋环保性能非常优异。数据显示，海上运输排放的二氧化碳，占了全球其总排放量的1.4%~4.5%，虽然"御夫座领袖号"利用太阳能辅助供电可能还只是一小步，但这绝对是朝着正确方向迈出的重要一步。

↓ 船上的太阳能板

↓ "御夫座领袖"号

↑ 驳船

驳 船

驳船属于货船的一种，多用于货物运输领域。其特别之处在于本身没有机动能力和自航能力，需要靠机动船带动。驳船在货物运输中占有很重要的地位。

驳船的结构和设备简单、运载量大，其载重量从几十吨到几百吨，大型的货驳也有数千吨级的；其造价低，管理维持费用低，船的利用率高；此外，驳船还有机动灵活的特点，与拖船或顶推船组成驳船船队，不受港口水深限制，不需要占用码头泊位，装卸货物均在锚地进行，装卸效率高。

少数增加了推进装置的驳船称为机动驳船，具有一定的自航能力。

为什么轮船要逆水靠岸？

我们知道，每当轮船靠岸时，都是逆水行驶的。这是因为轮船逆水行驶靠近码头，可以利用水流对船身的阻力，起到刹车的作用。这样，轮船的速度就会降低，可更加平稳地靠岸。

↑油轮

↑石油泄漏

油 轮

说到油轮，大家一定都不陌生。油轮运送的是和人们日常生活最为密切的一种货物——石油，载运散装石油或成品油的液货运输船舶便被称为油轮。油轮是液货船家族中最典型的一类，液货船中除了油轮，还有液化气船和液体化学品船。

那么如何分辨油轮与其他轮船呢？这要说到油轮与众不同的特点了。一个特点是油轮的甲板非常平，除驾驶舱外几乎没有其他耸立在甲板上的东西。油轮不需要甲板上的吊车装卸货物，只在油轮的中部有一个小吊车，用于将码头上的管道吊到油轮上来与油轮上的管道系统接到一起。另一个特点就是油轮的烟囱十分靠后，上部建筑大都位于船体后端。

因为装运的货物的特殊性，所以油轮上有很多注意事项。首先，要求油轮有严格的防火措施。船体结构要求油舱与尖舱、机舱、泵舱之间有隔离舱，且机舱设于船尾部，以便防火。油舱设有数道纵、横隔舱格，以便减少液面流动对船舶稳性的影响。其次，防止油轮对海洋造成污

"托利峡谷"号事件——最著名的海洋石油运输污染事件

1967年3月，利比亚籍油轮"托利峡谷"号自波斯湾开往英国的途中，由于船长疏忽大意，在英国东南海岸搁浅。"托利峡谷"号载有11万多吨原油，船体被海水打成三截后原油泄漏，对英法沿岸海域造成严重污染，致使数十万只海鸟、成千上万头海洋哺乳动物死亡。"托利峡谷"号污染事故引起了国际社会对海洋石油运输过程中发生石油污染事故的高度警觉，1969年11月国际海事组织的前身——政府间海事协商组织主持制定了《国际干预公海油污事故公约》。

染是世界各国普遍关注的大问题。因油轮经常为单方向运输，回程则需向舱内注入压载水，以保持船舶稳定性，故压载水排放、洗舱水排放须进行油水分离的防污染处理。如果发生大规模的海洋石油污染事故，将会带来灾难性的后果，所以一定要提高警惕，防患于未然。

名船链接——"诺克·耐维斯"号

"诺克·耐维斯"号油轮曾是世界上最大的油轮，由日本横须贺市的追浜造船所于1976年12月开工建造，长458.45米，宽68.86米，总排水量260 941吨。该油轮几经易主，名字也是换来换去。最初叫"海上巨人"号，是一名希腊船运业者订购，但是这个可怜的商人在船只尚未完工时就破产了，于是将这艘油轮转卖给了香港籍的船王董浩云。1981年，"海上巨人"号油轮终于建成，其主要任务是在墨西哥湾与加勒比海一带运输原油，但由于时处两伊战争期间，不幸在1988年5月14日航经霍尔木兹海峡时遭伊拉克战机导弹重创，沉没在伊朗的浅海海域。直到两伊战争结束，油轮才得以被打捞出水。1989年该油轮被转卖给挪威的海运公司。在打捞出来后被拖至新加坡的吉宝船厂进行大规模修复后复出，并且改名为"快乐巨人"号。在历经十余年的运营后，该船被转卖给了新加坡籍的第一奥森油轮公司，并且改名为"诺克·耐维斯"号。2009年12月，被卖给印度，命名为"Mont"号。2010年1月4日，于印度阿朗市被拆解。

↑ "诺克·耐维斯"号

集装箱船

集装箱是指有标准尺度和强度、专供运输业务中周转使用的大型装货箱。推而广之，以载运集装箱为主的运输船舶便称为集装箱船，集装箱船的发展是当代航运业发展的一个重要标志，它把货物运输带入了一个新的时代。

集装箱船是一种新型的货船，在其诞生乃至广泛使用之前，人们多是用散货船来运输货物（散货船是用来装载无包装的大宗货物的船只，依所装货物种类的不同，又可分为粮谷船、煤船和矿砂船等）。集装箱船和散货船相比，优势是十分明显的：集装箱船实现了货物的成组化，能充分利用船舶的运载空间；由于散装货物件杂货物种类繁多，包装不一，装卸作业又受到天气的影响，停港时间较长，而集装箱船的装卸效率更高，停港时间大为缩短，故其经济性更强；因为集装箱船利用集装箱作为运输单元，所以货物的安全性更高，货损率也较低。

集装箱船

集装箱船从其诞生到现在一直处于发展演变过程中。第一艘集装箱船是1957年在美国用一艘货船改装而成的。它的装卸效率比常规杂货船高10倍，停港时间大为缩短，并减少了运输装卸过程中的货损。从此，集装箱船得到迅速发展，到20世纪70年代，集装箱船基本成熟定型。

集装箱船自身不具备装卸设备，而是在特殊的集装箱码头装卸货物。这种码头设有专门的起重机，一艘载有7 000个集装箱的货船在几小时内就能卸完，还能同样快速地装上新的货物。因此，集装箱船为现代航运业所普遍采用。

集装箱船怎么运输货物

首先把零散的货物集中放在一个较大的箱子内，然后把这只箱子运到码头，吊入船中特设的格栅内；船满载后即出航开到目的港，然后从船的格栅内把箱子吊出，再用车辆或小船送到接收箱子的单位，完成货物的运输。可见利用集装箱这种方式运输货物既方便又快捷，还可以最大程度利用船舶空间。

↑ "伊夫林·马士基"号集装箱船

"伊夫林·马士基"号集装箱船

  航运巨头丹麦马士基公司的"伊夫林·马士基"号集装箱船是全球最大的集装箱巨轮之一。该船长397.7米，宽56.4米，高76.5米，长度比美国海军的"尼米兹"级航空母舰还要长近60米，竖起来比埃菲尔铁塔还高，满载最大吃水深度达30米，可载箱量为1.3万标准箱。这些集装箱若用火车运输，车厢总长度将达71千米。它是世界上第一艘船体宽度达到可放22排集装箱的船舶，超过了一般起重机操作18排集装箱的限度。"伊夫林·马士基"号也是世界上最环保、设备最先进的集装箱船之一，船上设备高度自动化，用计算机系统全面监控，仅需13名船员操作。

"柏林快航"号集装箱船

"柏林快航"号集装箱船是中国沪东造船厂为德国劳埃德轮船公司建成的4万吨级冷风冷藏集装箱船，是具有世界高水准的全格栅集装箱船，也是世界上最大的集中供冷风的冷藏集装箱船之一。该船长233.9米，两柱间长220米，宽32.2米，吃水11米，载重量4.17万吨，航速21节，可载2 700个标准集装箱，其中544个冷风冷藏集装箱可自动调温。其船体采用不对称尾型，综合导航系统可实现从启运港到目的港全程自动导航，因而全船只需16名船员。该船被国际航运界誉为"未来型"船舶，《英国劳氏报》评论说："该船的建成，是中国造船业的一个重大突破。"

↑ "柏林快航"号集装箱船

"中远大洋洲"号集装箱船

"中远大洋洲"号集装箱船的成功建造，标志着中国的集装箱船建造水平达到了一个新的高度，成为继韩国和丹麦之后第三个能够自主建造10 000TEU级别集装箱船的国家，在中国的船舶建造史上具有重要意义。"中远大洋洲"号是国内建造的集装箱船中载箱数量最大、航速最快，技术性能最先进的大型集装箱船之一。该船长348.5米，宽45.6米，排水量14万吨，航速25.8节，共可装载10 062个标准集装箱。自2007年6月5日开工，至建成交船，建造周期仅10个月，也是中国南通中远川崎公司第一次承建这种类型的船舶。该船在整体设计、动力装置、建造工艺、船舶安全、以及节能减排等方面均达到了国内领先、国际先进的水平。

↑ "中远大洋洲"号集装箱船

TEU

TEU即国际标准集装箱单位，是英语Twenty-Feet Equivalent Unit的缩写，以20英尺长为一个换算单位，用以表示船舶装载集装箱的能力，并能进行可对照的统计换算。因为标准集装箱的规格有20英尺和40英尺两种，可以将一个40英尺的集装箱换算为两个20英尺的集装箱，简记为2TEU。

拖　船

　　拖船在中国习称拖轮，其用途一目了然，是指设有拖曳设备，专用于在水上拖曳船舶或其他浮体的船。拖船自身并不载运货物或旅客，而且具有短而宽、功率较大、船体结构较强、吃水大、操纵性和稳定性良好等特点。

　　拖船按用途分为运输拖船、港作拖船和救助拖船，按航区分为海洋拖船和内河拖船，其中海洋拖船又可分为远洋拖船和沿海拖船。

　　大型海洋拖船的发动机功率可达2万马力以上，排水量超过5 000吨，可用于海上救助、拖带巨型船舶及其他大型水上构筑物如海上平台和浮船坞等作业。"瓦良格"号航空母舰就是用拖船拖到中国的，可见拖船作用之大。大型海洋拖船尾部装有大功率拖缆机，在风浪中能随着拖缆张力的变化而自动收放拖缆。

拖船的辨识

抓住两个明显的特点便可很轻易地辨识拖船：一是拖船上主要上层建筑集中设在船的前部，尾部甲板上较空旷以便拖带操作。二是拖船尾部装有专门的拖曳设备，尾部船底装有导流管以提高拖力。

拖船在工作过程中有许多注意事项，其中最重要的是吃水深度。拖船吃水尽可能接近航道水深，安装螺旋桨的船底凹部常是隧道形，使螺旋桨直径大于船舶吃水。螺旋桨工作时水充满凹部，使螺旋桨全浸在水中，以充分发挥主机功率，提高推进效率。

↑ "夏洛特·邓达斯"号

"夏洛特·邓达斯"号

"夏洛特·邓达斯"号是真正创立汽船时代的第一艘船。英国工程师威廉·赛明顿于1801年为在英国运河中从事用马群作拖曳运输的洛得·邓达斯专门建造了尾明轮汽船"夏洛特·邓达斯"号。这是一艘长17.7米，宽5.5米，吃水深度2.4米的蒸汽木质拖船，主机使用12马力的"波尔顿·瓦特"蒸汽机，由两台双作用汽缸组成，它们之间水平安装了锅炉，通过汽缸中的活塞及连杆系统带动尾明轮。

冷藏船

　　冷藏船与人们的日常生活息息相关，提到冷藏船人们首先会想到其冷藏功用。具体来说，冷藏船是使鱼、肉、水果、蔬菜等易腐货物处于某种低温条件或冻结状态下进行载运的专用运输船舶。

　　冷藏船对制冷的要求很高，为保持低温状态，其内部结构比较特殊。冷藏船的货舱为冷藏舱，常分隔成若干个舱室，每个舱室是一个独立密封装货空间；舱壁、舱门均为气密，并覆盖有泡沫塑料、铝板聚合物等隔热材料，以使相邻舱室互不导热，满足不同货物对温度的不

船舶胜览

102

"香蕉船"的由来

　　19世纪和20世纪之交，冷藏运输船第一次将香蕉从中美洲运到了欧洲。起初，船上只有独立的冷藏室；后来，人们建造了货舱都被隔离起来的冷藏运输船。"香蕉船"也就成了冷藏运输船的俗称。

↓冷藏船

同要求；上、下层甲板之间或甲板和舱底之间的高度较其他货船的小，以防货物堆积过高而压坏下层货物。

　　19世纪下半叶，工业国家的人口数量急剧增长，本国的农业不足以养活所有的人，而南美洲和澳洲的开阔地带有大量的牛群，于是，人们把那里作为欧洲肉食产品的供应来源。但在漫长的海运过程中，如何保持肉食产品的新鲜是个很大的问题。经多次试验，1872~1875年氨水制冷机在美国和德国相继出现，它能够提供足够的冷气，并且适合安装在船上使用。1877~1880年，在英国和法国的船上，第一次出现了货物冷藏室，用来冷藏从南美洲运往欧洲的肉食产品。从此，冷藏船进入了人们的视野，为丰富人们的日常生活作出了贡献。

专用船只

　　随着人类对海洋了解的增多和研究的深入，人类与海洋的关系日益紧密，对海洋的开发和利用也提出了更多的要求，同时随着科技的进步，船舶逐渐实现专业化，从而出现了气垫船、工程船、科学考察船、石油勘探船、观光潜艇、航天测量船等许多全新的船型。

气垫船

气垫船浮在水上既不是利用浮力，也不是利用水动力（举力），而是利用船底与水面间的空气静力支持，即利用气垫支持航行在水面上。由于船体离开水面，所以受到的水阻力就非常小，从而提高了航速，最高可达80节。因而，我们可以给气垫船下这样的定义：气垫船是利用高压空气在船底和水面（或地面）间形成气垫，使船体部分或全部垫升而实现高速航行的船舶。气垫船既可以在水面上行驶，也可以在地面上行驶；在地面上行驶时不需要修筑公路，非常方便。

从气垫的形成方法可以将气垫船分为三类：全垫升式、侧壁式和冲压式。

19世纪初，已有人认识到把压缩空气打入船底下可以减少航行阻力，提高航速。1953年，英国人科克雷尔提出气垫理论，经过大量试验后，于1959年建成世界上第一艘长9米、宽7米、重4吨的气垫船，并于当年成功横渡了38千米宽的英吉利海峡。1964年以后，气垫船类型增多，应用日益广泛。目前，气垫船多用做高速短途客船、交通船、渡船等，航速可达60～80节。

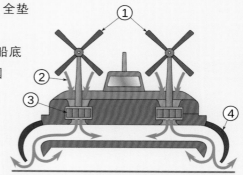

1. 螺旋桨　2. 空气　3. 风扇　4. 软性围裙

↑气垫船原理图

↓气垫船

"慈平"号气垫船

名船链接——"慈平"号

　　"慈平"号气垫船是一艘往返于中国慈溪市与上海市之间的著名气垫客船，全长23.4米，宽8.8米，高15.5米，总重40吨，航速43节。它既能在水上平稳舒适地航行，又能在沼泽、滩涂"陆上行舟"，还能飞过0.8米高的障碍物，跨越2米宽的沟壑，爬上15°的坡，是在特殊地理环境下的理想高速运输工具。"慈平"号气垫客船投入营运前，车辆从慈溪到上海需绕行360千米，耗时10多小时，采用气垫船走滩涂、跨越杭州湾水路，两头用车联运，路途只有150千米，费时只需4小时，被誉为杭州湾的绿色通道，取得了良好的社会效益和经济效益。

　　伴随着2007年6月杭州湾大桥的合龙，"慈平"号的光荣使命也由原来的交通运输变成了观光游览，继续在雄伟的大桥下，向游客讲述它当年的辉煌。

科学考察船

辽阔大海的神秘面纱，正慢慢被解开；越来越多的海洋物种为我们所了解，越来越多的神奇现象有了科学的解释；所有这一切都离不开科学考察船。

为了认识、了解海洋，必须建造各种科学考察船舶远赴各大洋去勘察取样并进行各学科门类的研究，但因考察科学领域及环境的不同，科考船的结构及性能也有所不同。例如，"向阳红10"号是中国一艘主要承担海洋人文、气象、水声等学科调查研究的远洋综合科学考察船，而"雪龙"号是中国一艘能在极地海区航行的科考船，具有超强的破冰能力。

"向阳红10"号

"向阳红10"号是中国自行设计制造的第一艘万吨级远洋科学考察船。由中国船舶及海洋工程设计研究院和江南造船厂设计建造，长156.2米，排水量1.3万吨，双桨双舵，于1979年10月交付使用。船中舯部有防摇鳍，船的操纵性和适航性极好；在任何两舱进水的情况下都不会下沉，能在全球所有海区航行。

"向阳红10"号主要承担海洋水文、气象、水声、物理化学、地球物理、海洋地质地貌和海洋生物等学科的调查研究。1999年7月被成功改装为"远望4"号科学测量船，并先后参加了"神舟5"号、"神舟6"号的远洋测控任务。由于"向阳红10"号设计建造的成功和在海洋科学研究中的成就，被评为"中国十大名船"第三位。

↑ 改装后的"远望4"号

↑ "向阳红10"号

"雪龙"号

"雪龙"号极地考察船是中国从乌克兰引进的第三代极地破冰考察船。1994年10月首航南极以来，已先后11次赴南极，4次赴北极执行科学考察与补给运输任务。"雪龙"号这个名字是第一任南极考察委员会主任武衡起的，"雪"代表南极的冰雪世界，"龙"代表中国。

"雪龙"号是中国最大的极地考察船，也是目前中国唯一能在极地破冰前行的船只。排水量11 400吨，能以0.5节的航速，连续冲破1.2米厚的冰层。船上装有可调式螺旋桨，航行时操作灵活，有利于破冰。船体用E级钢板制作，即使在-40℃的严寒气候条件下也不会变形。"雪龙"号可运输杂货、大型货物及各种车辆、冷藏货物、贵重货物以及各种油料等。经升级改造后，其主甲板以上的所有设备全部更新。船上的实验室面积也从原来的200多平方米扩大到580平方米，并全部更换了实验室设备。改造后的"雪龙"号具有先进的导航、定位、自动驾驶系统，配备有先进的通讯系统及能容纳两架直升机的平台、机库和配套设备。船上设有大气、水文、生物、计算机数据处理中心，气象分析预报中心和海洋物理、海洋化学、海洋生物、海洋地质、气象等一系列科学考察实验室，并可航行于世界任何海区。2010年8月6日凌晨4时29分，"雪龙"号"轻松"打破中国航海史最高纬度纪录——北纬85°25′。

> **"雪龙"号建立的三大功勋**
>
> ● 完成了中国第一张1∶50万的南极地图绘制工作。
>
> ● 搜集到5 354块陨石，使中国成为世界上第三大拥有南极陨石的国家。
>
> ● 46座南极无名岛峰将被冠以中文名字。

↑ 渔船

渔　船

在众多的专用船舶中，我们最熟悉且和日常生活关系最为密切的莫过于渔船了。人们每天都能吃到的各种干、鲜海味，都是渔船的功劳。渔船的概念很宽泛，并不限于我们所认为的捕鱼所用的船舶。它既包括用来捕捞和采收水生动植物的船舶，也包括现代捕捞生产的一些辅助船只，如进行水产品加工、运输、养殖、资源调查、渔业指导和训练以及执行渔政任务等的船舶。

我们在日常生活中见到的渔船是多种多样的，渔船的分类方法也有很多种。按作业水域，可分为海洋渔船和淡水渔船，海洋渔船又分沿岸、近海、远洋渔船。按船体材料，可分为木质、铝合金、钢质、玻璃钢质、钢丝网水泥渔船以及各种混合结构渔船。按推进方式，可分为机动、风帆、手动渔船。按渔船所担负的任务，可分为捕捞渔船和渔业辅助船。

捕捞渔船大家都很熟悉，就是我们所熟知的、在海洋进行水产捕捞的船舶，主要分为拖网渔船、围网渔船、流网渔船三大类。渔业辅助船，不直接从事渔业捕捞活动，主要从事除捕捞作业外与渔业生产有关的其他活动，包括养殖船、水产品运输船、渔业指导船、冷藏加工船、渔政船、供应船等。捕捞渔船和渔业辅助船相辅相成，缺一不可，离开了哪一种，我们可能都无法在餐桌上吃到用海鲜做的美味佳肴了。

石油勘探船

　　人们的生活每时每刻都离不开石油。为了开发海洋石油资源，石油勘探船应运而生，这是一种专门用于勘探石油的船只，它可以到不同的海域勘探海底的石油储存量。石油勘探船上装有许多先进的探测装备，能协助工作人员更好地进行石油的勘探与开发。正是由于石油勘探船的广泛应用，海洋石油资源的探明储量越来越多，海洋石油资源的开采量也逐年增加。

石油勘探船

"勘探1"号石油勘探船

"勘探1"号是由2艘3 000吨级沿海货轮拼装而成的双体双机、双螺旋桨的浮式海底石油勘探船,由沪东造船厂1972年建成下水。其总长99.23米,宽33米,航速12节,排水量7 960吨,用于在中国黄、南海水深30~100米范围的海域内进行石油普查工作,为中国的海洋石油普查作出了重要贡献。

↑ "勘探1"号

浮式生产储油卸油装置（FPSO）

　　浮式生产储油卸油装置通常被称为FPSO（Floating Production Storage & Offloading），是集油气处理、发电、控制、生活为一体的重要海上油气生产设施。

　　FPSO的最大特点是将具有上千万吨原油年处理能力的设施紧凑地布置于甲板之上，一般由系泊系统、载体系统、油气处理系统、储油系统及外输系统等部分组成。有的FPSO有自航能力；有的则没有自航能力，采用单点系泊模式在海面上固定。FPSO一般与水下采油装置和穿梭油轮组成一套完整的生产系统，把来自油井的油气水等混合液经过加工处理成合格的原油或天然气，成品原油储存在货油舱，到一定储量时经过外输系统输送到穿梭油轮上，是名副其实的"海上油气加工基地"。

"渤海蓬勃"号FPSO

"渤海蓬勃"号又名"海洋石油117"号，是中国迄今为止吨位最大、造价最高、技术最新的30万吨级FPSO，也是全球最大的FPSO之一，它设计日原油处理能力约为19万桶，天然气处理能力为8.11万立方米，设计存储能力为200万桶，是中国渤海湾蓬莱油田开发项目的重要设施之一。

"渤海蓬勃"号为双壳船体，无自航功能，使用软刚臂单点系泊系统进行海上定位，该系统可使FPSO作360°自由旋转，起到风向标的作用，使FPSO总是处于各种环境力作用下的平衡位置，可抵抗百年一遇的海洋灾害。该FPSO长323米，宽63米，吃水20.8米，排水量406 750吨，定员140人，甲板面积相当于3个标准足球场，从船底到烟囱顶的距离有71米，相当于24层楼高。

"渤海蓬勃"号定期使用15万吨级穿梭油轮将合格原油外运，原油外输速率为7 500立方米/小时，在24小时之内可卸油15万吨，高峰卸油周期为3~4天。该FPSO设计寿命为20年，采用水下检修替代进坞维修的方式，因此可长年在海上作业，保证了油田连续不断的生产。

↑ 破冰船

破冰船

　　气候异常寒冷导致海水结冰，船舶无法正常行驶，怎么办？别担心，破冰船可以解决这个问题。尤其是去南、北两极进行科学考察活动，更是离不开破冰船的开道。所以说，破冰船是用来破开结冰航道，引导船舶安全航行的专业船舶。

　　破冰船如何破冰呢？它主机功率大，壳板厚，船底前端向上翘起，利用特种水舱调节船的重心位置，能将冰撞碎或驶到冰上将其压碎。破冰船主要有两种破冰方法：当冰层厚度小于1.5米时多采用连续式破冰方法，即主要靠螺旋桨的力量和船头把冰层劈开撞碎；如果冰层较厚，则采用冲撞式破冰法，利用破冰船船头部位吃水浅的特点，使船头冲到冰面上，用船体把下面厚厚的冰层压成碎块。

　　破冰船能执行破冰的任务与其结构特点分不开：破冰船船体宽、船壳厚、功率大；其长宽比例同一般海船大不一样，纵向短，横向宽，可以开辟较宽的航道。

"列宁"号破冰船

"列宁"号破冰船是世界上第一艘运用核动力的民用船舶，建成于1959年9月12日，比美国制造出第一艘核动力水面舰艇——"长滩"号导弹巡洋舰早了2年多。

"列宁"号排水量1.6万吨，长134米，宽27.6米，高16.1米，航速18节，有1 050个船舱。经过重建和改进后，船上拥有2个先进的核反应堆，直到退役其核燃料才被安全移除。这种破冰船，除靠自身压力破冰外，还利用原子能加热的水冲击冰层。

"列宁"号主要担负在北海航线上的破冰和引导运输船只的任务，1989年切尔诺贝利事故发生之后被暂停使用，服役达30年之久。在此期间共行驶654 400海里，其中破冰里程达560 600海里，共引导过3 741艘货船的运输，没有出过一次事故。2009年5月，在俄罗斯摩尔曼斯克正式光荣退役。

由于这是世界上第一艘参加航行的核动力水面船舶，曾被标榜为"和平利用原子能"的重大成就。然而，各国所发表的情报和评论表明，这艘船也可能是一艘核动力潜水舰队的母舰和支持供应船。

"列宁"号破冰船

消防船

在陆地上人们可以使用消防车执行灭火任务，在海上也有执行相同任务的工具，这便是"海上消防车"——消防船。

消防船是海上消防所需的船舶的统称；消防船上装备有消防泵、高压喷水枪、船用导航仪器等设备及各种灭火材料，并配有救护人员和医疗设备。为适应油船的消防，还设置有专门的消防泡沫炮。为了深入火区救火，船上设有水幕装置，在进入火区时，全船由水幕笼罩。此外，消防船上还有用于救援的快艇，能及时帮助被困人员离开火灾现场。

消防船一般漆成红色，从外观上很容易辨识。它航速较高，并有良好的耐波性和可操作性，从而能在狭窄水道和拥挤港口内执行消防任务。

"珠江"号消防船

"珠江"号消防船由中国广州船舶及海洋工程设计研究院设计，是中国目前设备配置最为先进的专职消防船。其主船体外形光顺、流畅、美观，电缆布置整齐。船只为横骨架式全焊接结构，单甲板，单底，双机双桨，双舵双尾鳍，圆舭型线，主体船为钢质，上层建筑为铝合金结构。船体总长39米，深3.8米，宽8.8米，吃水2米，总吨位337吨，最大航速17节；有空舱、消防器材间、值班室、医疗室、备勤室、驾驶室、卫生洗消间七大类主要舱室。

"珠江"号消防船技术含量高，灭火救援能力强。宽敞的后甲板平台便于消防员上下小艇和消防器材装备的补给与运送；主甲板、起居甲板通道布置宽敞，可同时容纳30人，十分有利于水上消防、救生工作的顺利展开。"珠江"号主要负责水上火灾扑救及岸上灭火供水。其配备的消防炮射程最远可达150米，具有强大的油类火灾灭火功能，兼具水上事故救援、通讯、照明、防化及清污功能。船艏设有艏侧推装置，在出水灭火时可保持船舶定位，也可以在最短的时间内由航行状态转到灭火执勤状态，具有良好的视野、回转性能和灵活的可操纵性。

↑ "珠江"号

起重船

当你看到在海上的一艘船拥有像陆地上的起重机那样的起重臂，毋庸置疑，那就是起重船。起重船是指甲板上装有起重设备，专供水上作业起吊重物用的船，许多在我们认为是不可完成的任务，起重船都可以用它强有力的臂膀轻松完成！

起重船一般分成两大类：一类起重臂能够360°回转；另一类起重臂固定在船上的一个方向，整个船靠拖轮拖带转向，或是靠船向各个方向抛锚，通过牵拉不同方向的锚链实施船的回转。起重船多为非自航的，通常船上还有定位和移船用绞车。

起重船在进行起重作业时的稳性要求：当主钩伸出舷外起吊重大物件时，船会产生横倾，出现较大的横倾角显然对作业是不利的，所以起重船的稳性要保证在起重作业时横倾角不至于过大。

↓ 起重船

↑布缆机

布缆船

有线通讯具有容量大、距离远、安全可靠、抗干扰能力强等特点，因而在没有陆路相通的国家、地区之间，需要在海底铺设通讯电缆，以进行有线通讯，布缆船便应运而生。布缆船是"海上架线兵"，不仅担负铺设海底电缆、沟通海洋两岸通讯的重任，还担负维修海底电缆、保证通讯畅通的任务。

布缆船和一般船舶的不同之处在于：

一是尺寸较大。船上设置有专门的电缆舱，便于装载各种规格的电缆，并要有宽大的甲板。

二是船型特殊。它的横断面呈V形，有利于保持良好的稳性，并能提高推进效率。

它的首部水线以上部位向外飘，这样，可以减少船头甲板上的溅沫和碎浪，还可以扩大甲板面积，便于进行布缆作业。

三是有很高的船艏。为了铺设、修理电缆的需要，布缆船的船艏造得很高，上面装有导缆滑轮。布缆船艉采用方艉，以增加船艉甲板面积，便于布缆作业。大部分甲板面积被布缆设备所占用。

四是操纵灵活。船上装有可变距螺旋桨，可通过调整螺距满足布缆作业的不同需要。

"邮电1"号光荣退役

2003年12月18日，中国通讯史上的第一艘海底布缆船"邮电1"号光荣退役，为她近30年的服役航程划上了圆满的句号。

"邮电1"号布缆船

"邮电1"号布缆船于1976年2月建成，长71.0米，宽10.5米，深5.2米，吃水4.6米，满载排水量1 327吨，航速14节，总功率为2 200马力。布缆船施工中最关键的设备是布缆机，它必须能与船速同步放缆。"邮电1"号装备有由双滚筒布缆机、轮胎式挖缆机、艏吊架、钢丝测速装置、埋设犁、25吨绞车、艉吊架、信号电缆绞车等组成的自动布缆系统。"邮电1"号为钢质船壳，头部突出，艏柱前倾，艉近似方型，双机双流线平衡挂舵，船艏有侧推装置和起锚系缆绞盘。艏、艉均能布缆，但以船艏捞缆及船艉布缆为主。

↑ "邮电1"号布缆船

艏

艏即是船的首部，此类字为船舶专业术语，又如船的中部为舯，尾部为艉等。

打捞船

　　由于海洋环境的复杂性，海洋考古一直存在着各种困难，尤其是深埋海底的古沉船打捞更曾被认为是不可能完成的任务。2007年底"南海一"号古沉船被打捞出水，完成了海洋考古的一大壮举，这离不开打捞船的功劳。

　　打捞船是指用来打捞水下沉船、沉物及水面漂流物的船只，分内河打捞船和海洋打捞船两种。前者只配有吊杆、绞车及简易潜水设备，后者则配有大型起吊设备及潜水、压缩空气、水下电焊、水下切割等设备。打捞是一项综合性技术，涉及测量、潜水、水下切割、封堵、水下爆破和水下焊接等。

　　沉船可用多种方法打捞，这些方法可单独采用，也可几种方法联合采用，视具体需要而定。

1. 封舱抽水打捞法。把沉船破口封堵后，将船内的水抽出，使船浮起，因封补严密困难，风浪大时难作业，故较少采用。

2. 浮筒打捞法。用若干浮筒在水下充气后，借浮力将沉船浮出水面。此法浮力大而可靠，施工方便、安全。

3. 船舶抬撬打捞法。用钢缆兜于沉船船底，用打捞船上的起重设备将沉船提起。打捞时一般要用两艘或多艘打捞船共同作业。

4. 泡沫塑料打捞法。将比重轻的闭孔泡沫塑料注入沉船舱内，排去海水，借泡沫浮力抬起船舶，此法免去在沉船底穿引钢缆的不便，且减少或免去封舱工作，也适于海上风浪下作业。

5. 围堰打捞法。当船沉于较浅的水域时，可筑堰于沉船的周围，抽出堰内的水，将沉船封补或修复，再灌水将船浮起后拆除围堰。

6. 充气排水打捞法。是向沉船舱内打入压缩空气而排出水体，使沉船浮起。

相信不久的将来，会有更多的古沉船被打捞出水，展示它们的风采。

"华天龙"号打捞船

"华天龙"号打捞船是目前亚洲最大的集打捞、起重、海洋工程于一身的现代化打捞船，长174.85米，宽48米，吊臂臂架长109米，最大吊力达4 000吨。

"华天龙"号是为整体打捞"南海一"号古沉船而建造的，它通过16个吊点吊起"南海一"号沉箱，所用钢丝绳的直径达110毫米。其核心部分的全回转吊机在世界上首次采用了将两种传统回转吊机结构相结合的模式，使"华天龙"号能吊起重物进行360°回转。正是这一核心技术，保证了装载"南海一"号的沉箱在起吊过程中能够保持稳定，最大限度地避免文物出现损失。装着"南海一"号的沉箱在水中重约2 800吨，完全出水后重约4 800吨。沉箱最后被吊放到全潜式驳船上时，只有大约1.5米的高度露出水面，有将近6米在水面以下，在此状态下其重量约3 000吨，此时"华天龙"的吊力还有很大的余量。

"华天龙"号打捞船

观光潜艇

潜艇自发明以来一直被用于军事领域，是海战中的一把利器，是各国军事力量的重要组成部分。但近年来，随着人们生活水平的提高、旅游需求的不断扩大，潜艇逐渐走入人们的生活中，一个重要标志就是观光旅游潜艇的出现。观光旅游潜艇是近年来新兴的专门用于人们在水下观光旅游活动的潜艇。潜艇的两舷开设了许多观察窗，游客可在潜艇内尽情欣赏海底的奇异景象和各种珍奇的水下生物。

"美人鱼"号观光潜艇

"美人鱼"号观光潜艇是国内运营的第一艘全潜式水下观光潜艇。潜艇全长18.6米，净重106吨，能承载46人，最深能潜入水下75米；客舱采用波音737飞机的材料、技术与工艺建造，配备空气净化及氧气循环系统、中央空调。舱内设有电视摄像系统，通过甲板上的摄像头可观察四周海景，是当今世界上性能

↑ "美人鱼"号观光潜艇

最先进的水下观光潜艇之一。潜艇可在0~45米水深范围内任意潜浮。潜艇能到达潜水观光无法到达的地方，体验潜水无法感受到的奇异风情。直径达798毫米的观景窗口和直径达1 270毫米的观察驾驶玻璃窗，可带参观者领略绚丽多姿的海洋世界，近距离观赏最有特色的软硬珊瑚、色彩斑斓的热带鱼、形态各异的海底生物，令人仿佛置身于珊瑚及千姿百态的海洋鱼类之中。

↓ "美人鱼"号构造图

航天测量船

　　"神舟"系列飞船一直是中国人的骄傲，"神舟5"号是中国首次发射的载人航天飞行器，将航天员杨利伟送入太空。"神舟6"号更是实现中国人在太空行走的梦想，而这些成就的取得都离不开航天测量船的准确控制，足见航天测量船的作用之大。不过航天测量船的作用远不止这些，它还执行跟踪和遥测各种中远程导弹、卫星、飞船等，精确测定其落点，回收弹头锥体、微型仪器数据舱和飞船座舱等任务。

　　航天测量船的显著特点是装备有完善的导航设备和航天测量系统。直径9米、12米和25米的对空搜索和遥测遥感雷达天线林立，是航天测量船最明显的外部标志。它的导航设备除了一般舰船上使用的光学、天文导航设备外，还装备了卫星导航和声纳信标导航设备，从而可以精确测量船位，保证对导弹、卫星、飞船测量的精确性。船上核心的遥感测量系统、信息处理分析系统等更是应用了尖端技术。

　　目前，世界上在航的航天测量船的排水量基本上是1万～5万吨级，续航力为16 000～20 000海里，自给力高达90天以上。

↑ "尤里·加加林"号航天测量船

"尤里·加加林"号航天测量船

俄罗斯生产的"尤里·加加林"号航天测量船是目前世界上最大、最负盛名的航天测量船。"尤里·加加林"号为常规船型，满载排水量53 500吨，长231.6米，宽31米，吃水8.5米，航速18节；续航力20 000海里，自给力210天；共有船员136人（另有测量技术人员212名），实验室86间。它的关键设备是八大测量系统：雷达系统，卫星通信系统，数据处理系统，船舶定位系统，稳定与控制系统，一般通信系统，计时系统，工作控制中心。

↑ "远望3"号航天测量船

"远望3"号航天测量船

　　"远望3"号是中国设计建造的第二代综合性远洋航天测量船，长180米，宽22.2米，续航能力18 000万海里。它的建成使中国成为继美国、俄罗斯和法国之后，第四个建成航天测量船的国家。

　　"远望3"号主要担负飞船、卫星和其他航天器飞行试验海上测量和控制任务。船上汇集了中国当今船舶、电子、机械、通信、气象、计算机等方面的最先进技术，被誉为"海上科学城"。它有可载上百名科技人员的船舱，像一艘客船；甲板上天线林立，像一艘科学仪器船；载有各种气象设备，像一个气象站……

　　"远望3"号自1995年5月18日投入使用，执行过多次重大海上测量任务，为中国航天事业的发展作出了突出贡献。

运动艇

在项目繁多的水上运动中，船类竞技项目是与船舶关系最为密切的。这里主要介绍帆船和帆板两种海上运动艇。

帆　船

　　帆船比赛是运动员驾驶帆船在规定的场地内比赛速度的一种比赛项目，集竞技、娱乐、观赏、探险于一体。

　　帆船作为运动项目，最早的文字记载见于2 000多年前古罗马诗人维吉尔的作品中。到了13世纪，威尼斯开始定期举行帆船比赛，当时比赛船只没有统一的规格和级别。18世纪，帆船俱乐部和帆船协会相继诞生。1720年前后，英、美、瑞典、德、法、俄等国家先后成立了帆船俱乐部或帆船竞赛协会，各国之间经常进行大规模的帆船比赛。1907年，世界第一个国际帆船组织——国际帆船联合会正式成立。国际帆联是世界上最大的单项体育联合会之一，现有122个会员国（或地区），管辖了81个帆船级别。

　　由于帆船竞赛是在自然条件下进行的，直接受到气象水文条件的影响，规定的竞赛轮次可能完不成；因此，帆船比赛没有绝对的纪录，只有最好成绩。帆船比赛受项目特点所限，比赛场地一般离岸较远，所以观众在岸上很难看清比赛中的细节；即使自己有船也只能在划定的比赛

↑ 国际帆船联合会会标

区域之外观看，而且每个级别都要比赛好几天才能分出胜负。所以，到现场看比赛不妨当做一次海滨假日之旅，在蔚蓝的大海上，林立的桅帆在阳光的映照下，会让眼前的风景更加生动，而运动员驭风破浪的矫健身姿也会给人运动之美的愉悦享受。

中国首个帆船奥运级别世界冠军——徐莉佳

徐莉佳是一位比赛型的运动员，平时训练很文静，投入比赛却泼辣果断。2001年，徐莉佳在青岛首次参加帆船世锦赛，便获得了15岁以下少年比赛的OP级帆船女子冠军。2006年8月5日，在美国加利福尼亚州举行的激光雷迪尔级帆船世锦赛上，徐莉佳提前一轮问鼎冠军，这也是中国大陆选手在帆船帆板项目上夺得的第一个奥运项目世界冠军。

帆　板

　　帆板运动是介于帆船和冲浪之间的新兴水上运动项目。帆板由带有稳向板的板体、有万向节的桅杆、帆和帆杆组成。运动员利用吹到帆上的自然风力，站到板上，通过帆杆操纵帆使帆板在水面上行驶，靠改变帆的受风中心和板体的重心位置在水上转向。因和冲浪运动有密切关系，故又称风力冲浪板或滑浪风帆。

　　帆板运动是一项新兴的体育项目，首届世界帆板锦标赛于1974年举行，现在国际帆板协会每年举行多次国际比赛。1981年帆板作为帆船的一个级别被接纳为奥运会大家庭的一员，1984年洛杉矶奥运会第一次把帆板列为正式比赛项目。

帆板的起源

　　帆板于20世纪60年代末起源于世界冲浪胜地夏威夷群岛。1970年6月美国一位冲浪爱好者——电脑技师修万斯设计制造出世界第一条带有万向节的帆板，并获专利权；此后在当地很快兴起帆板热，不久便流传到欧洲、澳洲和东南亚一带。现在全球性的帆板热方兴未艾。

中国的帆板运动始于20世纪70年代末，1981年，中国举办了全国性帆板比赛。经过短短10余年的努力，中国运动员在世界性比赛中共获得5次世界冠军、8次亚运会冠军和1次奥运会亚军。随着社会经济的不断发展，越来越多的人投入到帆板的业余训练和比赛中来，帆板运动成为人们休闲、度假、运动健身的一个新时尚，越来越多的人投入自然的怀抱中，体会披风斩浪的感觉。

中国帆板奥运奖牌零的突破——张小冬

1992年巴塞罗那奥运会上，女子帆板项目第一次进入奥运会。按比赛规则，每个国家只能派出一名选手参加角逐，张小冬是这个赛场上唯一的中国运动员。当时的竞争非常激烈，直到最后一轮，仍有3名选手有争夺亚军的机会。张小冬的这场决赛中，乱风为比赛的结果增加了几分悬念。关键时刻，张小冬顶住了压力，最终将这枚宝贵的银牌收入囊中。

船舶制造，在中国历史悠久。中国人的祖先发明了橹、舵、风帆和楼船，推进了世界造船业的发展。早在汉代中国就开辟了海上丝绸之路，明代更是七下西洋，促进了世界物资和文化交流，这辉煌的历程中，船舶功不可没。

　　船舶工业，决定着国家海洋事业的的走向，影响着国家的繁荣与富强。近现代世界史告诉我们：海洋兴，则国家盛；海洋弱，则国家衰。盛衰之历史，将由船舶来书写。

致　　谢

　　本书在编创过程中，中国海洋石油总公司、北海舰队王松岐同志等机构和个人在资料图片方面给予了大力支持，在此表示衷心的感谢！书中参考使用的部分文字和图片，由于权源不详，无法与著作权人一一取得联系，未能及时支付稿酬，在此表示由衷的歉意。请相关著作权人与我社联系。

　　联 系 人：徐永成

　　联系电话：0086-532-82032643

　　E-mail: cbsbgs@ouc.edu.cn

图书在版编目（CIP）数据

船舶胜览/杨立敏主编. —青岛：中国海洋大学出版社，2011.5
（畅游海洋科普丛书/吴德星总主编）
ISBN 978-7-81125-684-0

Ⅰ.①船… Ⅱ.①杨… Ⅲ.①船舶技术-技术史-世界-青年读物
②船舶技术-技术史-世界-少年读物 Ⅳ.①U66-091

中国版本图书馆CIP数据核字（2011）第058400号

船舶胜览

出 版 人	杨立敏
出版发行	中国海洋大学出版社有限公司
社　　址	青岛市香港东路23号

网　　址	http://www.ouc-press.com	邮政编码	266071
责任编辑	王积庆　电话　0532-85901040	电子信箱	wangjiqing@ouc-press.com
印　　制	青岛海蓝印刷有限责任公司	订购电话	0532-82032573（传真）
版　　次	2011年5月第1版	印　　次	2011年5月第1次印刷
成品尺寸	185mm×225mm	总 印 张	95
总 字 数	800千字	总 定 价	398.00元

畅游海洋 科普丛书

初识海洋

奇异海岛

海洋生物

航海探险

壮美极地

海战风云

探秘海底

船舶胜览

魅力港城

海洋科教